● 新・電気システム工学 ●
TKE-11

基礎 電力システム工学

電力輸送技術の本質を知る

日髙邦彦・横山明彦 共著

数理工学社

編者のことば

　20世紀は「電気文明の時代」と言われた．先進国では電気の存在は，日常の生活でも社会経済活動でも余りに当たり前のことになっているため，そのありがたさがほとんど意識されていない．人々が空気や水のありがたさを感じないのと同じである．しかし，現在この地球に住む60億の人々の中で，電気の恩恵に浴していない人々がかなりの数に上ることを考えると，この21世紀もしばらくは「電気文明の時代」が続くことは間違いないであろう．種々の統計データを見ても，人類の使うエネルギーの中で，電気という形で使われる割合は単調に増え続けており，現在のところ飽和する傾向は見られない．

　電気が現実社会で初めて大きな効用を示したのは，電話を主体とする通信の分野であった．その後エネルギーの分野に広がり，ついで無線通信，エレクトロニクス，更にはコンピュータを中核とする情報分野というように，その応用分野はめまぐるしく広がり続けてきた．今や電気工学を基礎とする産業は，いずれの先進国においてもその国を支える戦略的に第一級の産業となっており，この分野での優劣がとりもなおさずその国の産業の盛衰を支配するに至っている．

　このような産業を支える技術の基礎となっている電気工学の分野も，その裾野はますます大きな広がりを持つようになっている．これに応じて大学における教育，研究の内容も日進月歩の発展を遂げている．実際，大学における研究やカリキュラムの内容を，新しい技術，産業の出現にあわせて近代化するために払っている時間と労力は相当のものである．このことは当事者以外には案外知られていない．わが国が現在見るような世界に誇る多くの優れた電気関連産業を持つに至っている背景には，このような地道な努力があることを忘れてはいけないであろう．

　本ライブラリに含まれる教科書は，東京大学の電気関係学科の教授が中心となり長年にわたる経験と工夫に基づいて生み出したもので，「電気工学の体系化」および「俯瞰的視野に立つ明解な説明」が特徴となっている．現在のわが国の関係分野において，時代の要請に充分応え得る内容を持っているものと自負し

ている．本教科書が広く世の中で用いられるとともにその経験が次の時代のより良い新しい教科書を生み出す機縁となることを切に願う次第である．

　最後に，読者となる多数の学生諸君へ一言．どんなに良い教科書も机に積んでおいては意味がない．また，眺めただけでも役に立たない．内容を理解して，初めて自分の血となり肉となる．この作業は残念ながら「学問に王道なし」のたとえ通り，楽をしてできない辛いものかもしれない．しかし，自分の一部となった知識によって，人類の幸福につながる仕事を為し得たとき，その苦労の何倍もの大きな喜びを享受できるはずである．

　　2002年9月　　　　　　　　　　　　編者　関根泰次・日髙邦彦・横山明彦

「新・電気システム工学」書目一覧	
書目群 I	**書目群 III**
1　電気工学通論	15　電気技術者が応用するための
2　電気磁気学——いかに使いこなすか	「現代」制御工学
3　電気回路理論	16　電気モータの制御と
——直流回路と交流回路	モーションコントロール
4　基礎エネルギー工学［新訂版］	17　交通電気工学
5　電気電子計測［第2版］	18　先端 電力システム工学
書目群 II	——変革期にある電力システムの
6　はじめての制御工学	安定運用に向けて
7　システム数理工学	19　グローバルシステム工学
——意思決定のためのシステム分析	20　超伝導エネルギー工学
8　電気機器学基礎	21　電磁界応用工学
9　基礎パワーエレクトロニクス	22　電離気体論
10　エネルギー変換工学	23　プラズマ理工学
——エネルギーをいかに生み出すか	——はじめて学ぶプラズマの基礎と応用
11　基礎 電力システム工学	24　電気機器設計法
——電力輸送技術の本質を知る	
12　電気材料基礎論	別巻1　現代パワーエレクトロニクス
13　高電圧工学	
14　創造性電気工学	

まえがき

　電力システムは，発電，送電，変電，配電，需要家までのさまざまな要素が統合された電気エネルギーを発生・輸送・利用するシステムであり，現代社会において必要不可欠で最も巨大なシステムである．本書では，この電力システムの静的，動的な振る舞いを理解するのに必要かつ基礎的な内容を，送電分野に絞って個々の送電設備の説明も含めて記述している．変電，配電，電力利用（需要家）分野については紙面の関係で触れていない．また，電力システム全体の計画，運用，制御については，本教科書ライブラリで刊行予定の「先端 電力システム工学」に記述するのであわせて読んでいただければ，電力システムの全体像がつかめるようになっている．

　わが国では 1887 年（明治 20 年）に電気事業が始まり，電力システム技術の発展の起点となっている．電気事業の起業に当たっては，産業界の技術者とともに工部大学校（現在の東京大学工学部）の助教授であった藤岡市助氏が技術顧問として参画しており，正に産学連携の草分けでもあった．大学教育という観点で眺めてみると，現代のシラバスに相当する「東京帝国大学一覧」によると，当時の工学部電気工学科において，送配電分野の講義が，10 万ボルトを超える高電圧送電時代を迎える 1915 年（大正 4 年）に「電力傳送及分配」という名称で初めて開講されている．それ以前は，「電燈及電力」という講義で教えていたが，1915 年以降「発電所設計」，「電力傳送及分配」，「電燈及照明」に分けられ，つまり電力システム全体を発電，送配電，電力利用の 3 分野に明確に分けて講義されている．このような歴史的背景にあって，電力システム技術は常に時代を先取りする形で急速に発展を遂げ，また，学ぶべき内容も進化し多様化してきていることから，本書もそれらを反映した内容となっている．

　本書は，1〜4 章および 11 章，12 章を日高が，5〜10 章および付録を横山が執筆しており，概念の説明や式の導出などをできるだけ詳しく記述し，単に概念や式をそのまま記憶するだけではなく，その基礎的な内容を理解したうえで頭にしっかり

焼き付けることができるように記述した.

　大学や高専での限られた授業時間中にすべてを理解するのは難しい可能性もある. そこで, 自分で実際に解いて理解度を実感してもらうために, 例題や章末問題を少し多めにし, さらに, 理解を定着するための詳しい説明を解答に加えている. なお, 章末問題の解答については, 本書のページ制約を考慮して, 本書には含めず数理工学社のサポートページに載せているので, そちらを参照されたい.

　本書の作成にあたり, 著者のまわりにいる多くの方々のご協力を得た. 馬場旬平教授, 馬場研究室大学院生の大渕嵩弘君, 関野敬太君, 山口祐司君, 寺師彩俊君, 横山研究室の岡田とも子秘書の皆さんに謝意を表したい.

　2021 年 12 月

日髙邦彦・横山明彦

目　　次

───[章末問題の解答について]───
　章末問題の解答はサイエンス社・数理工学社のホームページ
　　　https://www.saiensu.co.jp
でご覧ください.

・本書に掲載されている会社名，製品名は一般に各メーカーの登録商標または商標です.
・なお，本書では ^{TM}，Ⓡは明記しておりません.

1 緒　　論

日々恩恵を受けている電気について，どのくらい消費している
か，またその電気はどのような電源で発電されているか，という情
報に触れることから始め，それらを支える電気事業の歴史的変遷を
辿る中で，発電と消費の間にある電力輸送というプロセスも重要で
あることを再認識して頂けると，本書で勉強をスタートする動機付
けとしては十分であろう．本章の最後で電力輸送の特徴と責務につ
いても学ぶ．

1章で学ぶ概念・キーワード

- 発電電力量と消費電力量
- 電力輸送技術
- 電気事業
- 送配電技術の歴史

1.1　各国の電力事情

　現代社会において，電気は空気や水と同じような存在で，日々の生活に必要不可
欠のものとなっている．日本における**年間消費電力量**はおおよそ 1 兆 kWh となっ
ていて，1 人当たりに換算すると 8000 kWh である．この量は，なかなかイメージ
しにくいので，1 人当たりの消費電力にすると約 900 W となり，各人が家庭用エ
アコン 1 台を 1 年間，終日使い続けている量に匹敵している．

　世界に目を転じると，図 1.1 に示すように，世界全体での年間消費電力量（2018 年
時点）は 24.7 兆 kWh で，最大の消費国は中国（27.8 ％），続いてアメリカ（17.3 ％），
インド（5.3 ％）で，日本は 4 番目で全体の 4.1 ％を占めている．年間消費電力量の
伸び率を見ると，世界全体では年率 5 ％で増加しており，2050 年頃まではこの傾
向が続くとみられている．一方，日本，アメリカ，欧州では，ほぼ飽和状態となっ
ている．

　1 人当たりの消費電力量に換算してみると，日本に比べ，カナダは 1.9 倍，アメ
リカは 1.6 倍，ヨーロッパ諸国は 0.6〜0.9 倍，中国は 0.55 倍，インドは 0.12 倍を
消費していることになる．

　これらの消費電力量を担う**発電電力量**を，その**電源構成比率**で示すと図 1.2 にな
る．日本は，火力：原子力：水力：(太陽光・風力) ＝ 70 : 6 : 9 : 8 [％] となっ
ている．一方，世界一の消費国である中国では 火力：原子力：水力：(太陽光・風

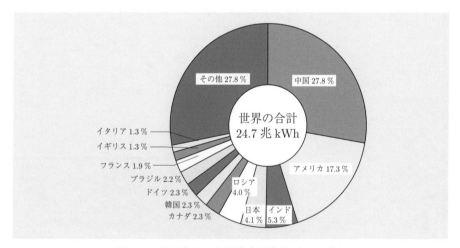

図 1.1　世界各国の年間消費電力量（2018 年）

力) ＝ 70 : 4 : 17 : 8 [%] となっている．日本と中国はいずれも発電電力量の 7 割を火力発電が担っている点は共通しているものの，その内訳を見ると，中国は火力の大半 95 ％ が石炭火力になっている特徴がある．近年注目されている再生可能エネルギー電源である太陽光発電や風力発電の全発電電力量に占める割合は，多い国でドイツ 28 ％，イギリス 24 ％，イタリア 15 ％ であるが，世界全体を見ると 10 ％ に達していないのが現状である．現時点では，世界全体の電源の主力は依然として火力発電であり，全発電電力量の 60 ％ 以上を占めている．

　以上で述べた電気エネルギーを作る「発電」とそれを利用する「消費」との間に，電気エネルギーを送り届ける「**電力輸送**」というプロセスが不可欠となる．すべての電気エネルギーシステムの中で，本書「基礎 電力システム工学」では，電力輸送に関わる技術を中心に学ぶことになる．

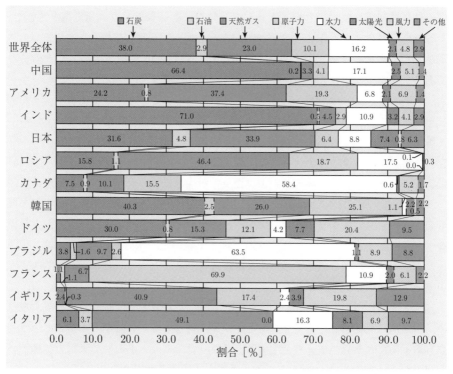

図 1.2 世界各国における電源別発電電力量の構成比（2018 年）

1.2　電気事業の変遷

電気エネルギーの発生，輸送，利用に関係する技術は，19 世紀最後の 20 年ほど
で，白熱電球，発電機，電動機，変圧器などが次々に発明され，いっせいに開花し
た．その技術進歩の速さとともに，世界各国へ広がっていくスピードもめざましい
ものであった．1879 年に，エジソン（T.A. Edison）は白熱電球を発明し，その 3
年後の 1882 年には，配電システムを完成させており，ニューヨークで ±110 V の
直流配電を行っていた．さらにその 5 年後の 1887 年には，東京電燈（現東京電力
の前身）で低電圧の直流配電が開始されている．発電は蒸気エンジンを石炭燃料で
動かすという方法で行われ，電圧は 210 V であった．

ニューヨークで配電が開始された 1882 年には，電力輸送にとって重要な事柄が
いくつか起こっている．ドイツのミュンヘンでは，万国電気博覧会が開催され，最
初の長距離送電が展示された．ミュンヘン郊外にある炭鉱で直流発電機を運転し，
ミュンヘンの会場まで 57 km を電信用の電線を使って送電している．会場では，送
電された電力でポンプを回して水を汲み上げ，高さ 2 m の滝を再現したとのこと
である．送電電圧は 1500〜2000 V であったため，送電効率はわずか 22 ％にすぎ
ず，経済的な送電には，高い送電電圧が必要であることが示唆されている．また同
じ年，イギリスで変圧器が発明され，交流による電力輸送への道も開かれている．

電気事業はこのようにして始められたが，当初，直流を良いとするエジソンと，
交流を良いとするウエスティングハウス（G. Westinghouse）やテスラ（N. Tesla）
によって，直流対交流の凄まじい主導権争いが繰り広げられたという歴史もある．

20 世紀に入り，日本では 1910 年に，京都の蹴上で小水力を利用した日本初とな
る交流の商用発電所が建設された．その後，山間地の豊富な水力に注目した大規模
な水力発電開発が盛んに行われ，1950 年頃まで続いた．水力を利用するため，山間
地から遠く離れた消費地までの交流長距離輸送が必要となり，154 kV や 275 kV と
いう高電圧送電やそして超高電圧送電の技術開発も進められた．

1950〜1970 年頃は火力発電の開発が進んだ．火力発電所は海沿いに設置するた
め，山間地に開発される水力発電所と比べ建設費が安く，建設期間が短いという利
点もあったことから，広く普及することとなった．これとあわせて大電力輸送とい
う観点から，500 kV という超々高電圧送電の技術開発が進められた．

1970〜2000 年頃は，原子力発電開発が主に行われた．水力，火力，原子力の発
電が合わさることにより，広域大電力輸送が可能となった．同時に，**UHV**（<u>u</u>ltra
<u>h</u>igh <u>v</u>oltage，最高電圧 1100 kV）交流送電の研究開発が 1970 年代から着手され，

1990 年代には世界に先駆けて UHV 送電ルートが構築されている.

　2011 年 3 月 11 日の東日本大震災に伴う福島第一原子力発電所の事故以降,原子力発電を主力とする考え方から大きく変わり,それを補う形で太陽光や風力による発電が急速に進められている.

　図 1.3 は,日本における 1960 年代以降の社会情勢と電力設備ニーズの変遷をまとめたものである.日本の電力技術開発は,交流電力系統の送電電圧の上昇とともに飛躍的に発展を遂げ,1990 年代の交流 UHV 送電技術の確立はその結実の 1 つと言える.その頃から,バブル経済崩壊後の景気停滞や人口減少に伴う電力需要の飽和を受けた新規設備投資の縮小,高度経済成長期に導入された機器の経年劣化といった時代背景を受けて,電力機器や絶縁材料の開発に当たっては,より一層の合理化,高信頼度化が求められるようになった.

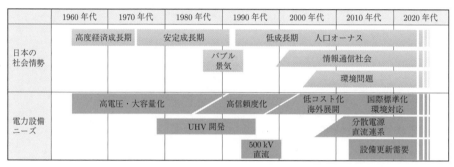

図 1.3　日本における 1960 年代以降の社会情勢と電力設備ニーズの変遷(人口オーナス:生産年齢人口(15〜64 歳)が減少するような人口構成の変化が生じ,経済にとってマイナスに作用する状態)

　21 世紀を迎える頃には,先進国から「環境適合性」がキーワードとして叫ばれるようになる.1997 年の「第 3 回気候変動枠組み条約締約国会議(COP3)」において議決された京都議定書が発効されたのが 2005 年,日本において太陽光発電の余剰電力買取の開始が 2009 年,そして再生可能エネルギーの固定価格買取制度(feed-in-tarif, FIT)に関する法律が発効したのが 2012 年である.

　これら社会的な環境問題への関心の高まりの中,分散電源,電力貯蔵技術,洋上風力発電などとの連系を行う交直変換技術,そして自励式の高電圧直流(HVDC)技術を用いた多端子直流送電技術の開発が行われている.交流電力系統に,直流電力系統が併存するようなシステムも,世界各地に建設されつつある.

1.3　電力輸送の特徴と責務

電力輸送の特徴としては，以下が挙げられる．

(1)　比較的単純な設備で高密度エネルギーが輸送できる，

(2)　輸送量の制御が容易である，

(3)　輸送速度が光速という高速な輸送が可能である．

(3) に挙げた特徴は利点であると同時に，経済的なエネルギー蓄積ができない場合には，発電した量と同じ量を瞬時に消費しないと損失になってしまう（**同時同量性**と呼ばれる）という電力システム特有の性質が顕在化することになる．

　電力を輸送する側の責務として，輸送中に電圧，周波数が許容範囲に収まるということと，減損が少なく安定であるということが挙げられる．電力輸送に関わる特徴と責務を踏まえて，その技術開発における課題と解決法について表 1.1 にまとめておく．

表 1.1　電力輸送技術における課題と解決法

課題	解決法
送電容量の拡大	高電圧・大電流送電
安定性向上	制御法や解析法の開発
経済性確保	総合的な政策の立案
環境問題	新材料や診断技術の開発

🖳　日本の電気の事始め

　1873 年に創設された工部省工学寮電信科（現東京大学工学部電気系 2 学科の前身）には，明治政府の招聘により，英国人 W. E. エアトン（William Edward Ayrton）が初代教授として赴任した．

　1878 年 3 月 23 日，工部省電信局は万国電信連合に加盟する準備として，東京銀座木挽町に中央電信局を開設した．その開局祝賀会が虎ノ門の工部大学校（現東京大学工学部の前身）の講堂で開催され，会場で電気灯を用いるよう，工部卿の伊藤博文から命ぜられていたエアトン教授は，学生とともに困難な調整を行い，天井から吊り下げられた数十のアーク灯をグローブ電池により点灯させた．目映いばかりの青白い光で講堂が照らし出され，来賓たちは「不夜城に遊ぶ思い」と驚嘆の声を上げたという．この出来事はエジソンが電球を発明する 1 年前のことで，日本で初めて点灯された電気灯であることから，電気をエネルギーとして利用する事始めと言えよう．そのこともあって，3 月 23 日は「電気の記念日」となっている．

2 送電方式

　一概に電力輸送といっても，どう送電するかについては種々の方式がある．前章と同様に歴史を振り返りながら，送電方式をどのように選択しまた発展させてきたかを学ぶ．現代においては世界中，三相交流が主要な方式として定着し，また，送電電圧の高電圧化も進んでいる．なぜ三相交流が定着するようになったのか，なぜ高電圧化が必要であったのか，その理由も学ぶ．

2章で学ぶ概念・キーワード

- 直流と交流
- 50 Hz と 60 Hz
- 送電電圧
- 三相交流

2.1　直流と交流

　1.2 節のところで述べたように，電気の利用が始まった頃は，1879 年に実用化されたエジソンの白熱電球が直流で動作をしていたこともあって，直流全盛であった．しかし，1882 年に変圧器が発明され，また，1887 年にはテスラにより誘導電動機が発明された頃から交流の利用が進むようになった．この誘導電動機は比較的簡単な構造でできているため，安価で堅牢という特徴がある．1893 年にはスタインメッツが複素数を利用した解析法（$j\omega$ を用いた演算子法）を開発し，交流の解析が容易なものとなった．さらに 1896 年には，北米のナイアガラ・バッファロー間，32 km という低電圧の直流では不可能であった長距離を交流で送電することに成功し，交流の優秀さが認識されるようになった．1920 年代には，ほぼ交流のシステムに統一されるようになった．

　交流の有利な特徴としては，

(1)　変圧器により電圧の昇降が容易である，
(2)　安価な誘導電動機が利用できる，
(3)　電流ゼロ点の存在により遮断が容易である

ことが挙げられる．一方，不利な特徴としては，

(a)　発電機の同期運転をする必要がある，
(b)　送電線路のリアクタンスにより，送電電力に上限が存在する，
(c)　誘電体損や充電電流による熱損失や温度上昇が生じる

ことが挙げられる．これらの交流の有利な点は直流の不利な点になり，また，交流の不利な点は直流の有利な点となることから，互いに対立関係というより，使い方によっては相補関係にあるとも言える．

　直流の有利な性質を活用して，海底ケーブルや長距離輸送においては直流が利用されるようになった．表 2.1 に海外および日本の代表的な直流送電設備の開発例を示す．1929 年には水銀整流器を用いた交直変換器が開発され，その大規模な直流送電への応用が，1954 年，スウェーデン本土とゴットランド島間に敷設された海底ケーブル送電（直流 100 kV, 96 km）で初めてなされた．1961 年には英仏海峡で ±100 kV, 65 km の直流送電が行われた．1970 年代以降，水銀整流器に代わりサイリスタが導入され，世界各地で直流送電の建設が行われている．2010 年以降に運転開始されている主な高電圧直流送電を見てみると，中国の内陸から上海周辺への電力輸送として，2011 年に架空送電線（±800 kV, 6400 MW, 2000 km），2019 年に架空送電線（±1100 kV, 12000 MW, 3300 km）が，また，ブラジルではサンパウ

ロやリオデジャネイロへの電力輸送として，2013 年にマデイラ川開発プロジェクト（±600 kV, 6300 MW, 2375 km），2017 年にベロ・モンテ水力発電ダムプロジェクト（±800 kV, 8000 MW, 2500 km）がそれぞれ運開している．

日本では，交流 50 Hz と 60 Hz のシステムが共存しており，2 つのシステムを連系するために一度直流に変換することが必要で，そのため 1965 年に佐久間周波数変換所（300 MW），1977 年に新信濃周波数変換所（当初 300 MW，現在 600 MW），2006 年に東清水周波数変換所（当初 100 MW，現在 300 MW）がそれぞれ建設されている．

交流システムの周波数が同じ場合でも，直流で連系すると，事故時の短絡電流が増加しないで済むことや，種々の変動に対して制御が独立にできることなどの利点がある．こうした利点を利用して，1979 年に，北海道・本州連系設備（±250 kV，当初 150 MW，現在 600 MW，架空送電 125 km，海底ケーブル 43 km），2000 年に紀伊水道直流連系（±250 kV, 1400 MW，設計は ±500 kV, 2800 MW，架空送電 51 km，海底ケーブル 49 km），2019 年に新北海道・本州連系設備（250 kV，300 MW，架空送電 98 km，青函トンネルを利用した地中ケーブル 24 km）などが建設された．なお，新北海道・本州連系設備の直流交流変換器には，交流電源がなくても変換が可能な自励式変換器が使われている．

世界各地で直流設備の建設，増設が進んでいるものの，2020 年代当初での全電力設備容量に占める直流設備容量の割合は 1 ％ 未満で，2030 年代には数 ％ まで増加するとの予測もあるが，いずれにしてもまだ発展途上と言える．

表 2.1　海外および日本の代表的な直流送電設備

プロジェクト名	所在国	定格電圧 [kV]	定格容量 [MW]	送電線距離 [km] ( ) 内はケーブル	運転開始年
Gotland 1	スウェーデン	100	20	96 (96)	1954
Cross Channel 1	イギリス〜フランス	±100	160	65 (65)	1961
Pacific Intertie	アメリカ	±500	3100	1361 (0)	1970 /85（増設） /89（増設）
Cabora-Bassa	モザンビーク〜南アフリカ	±533	1920	1360 (0)	1977
Itaipu 1, 2	ブラジル	2×±600	6300	807 (0) 818 (0)	1985 1989
Cross Channel BP 1, 2	イギリス〜フランス	2×±270	2000	2 × 71 (71)	1986
Rihand-Delhi	インド	±500	1500	814 (0)	1992
Three Gouges（三峡）	中国	±500	7200	900 (0)	2003
Xiangjiaba-Shanghai	中国	±800	6400	2000 (0)	2011
Belo Monte	ブラジル	±800	8000	2500 (0)	2017
Changji-Guquan	中国	±1100	12000	3300 (0)	2019
佐久間周波数変換所	日本	2 × 125	300	0 (50/60 Hz 連系)	1965 /93（水銀 → サイリスタ）
新信濃変電所	日本	2 × 125 /125	600	0 (50/60 Hz 連系)	1977 /92（増設）
北海道・本州間直流連系	日本	±250	600	168 (43)	1980 /93（増設）
南福光変電所	日本	125	300	0（非同期連系）	1999
紀伊水道直流連系	日本	±250	1400	100 (49)	2000
東清水変電所	日本	125	300	0 (50/60 Hz 連系)	2000
新北海道・本州間直流連系	日本	250	300	122 (24)	2019

2.2 50 Hz と 60 Hz

交流方式の周波数としては，20 世紀前半まで多種類の周波数がまちまちに使われていたが，ヨーロッパでは 50 Hz に，アメリカでは 60 Hz に統一されていった．例えばイギリスは 17 種類もあった周波数が 1928 年から 1938 年までの間に 50 Hz に統一された．日本では 1895 年に東京電燈（現東京電力の前身）がドイツ AEG 社の 50 Hz の発電機を輸入し，また，大阪電燈（現関西電力の前身）が同時期にアメリカ GE 社から 60 Hz の発電機を輸入した．その後，それぞれのシステムが独立に発展を続けたため，今日においても北海道，東北，関東の 50 Hz 系と中部，北陸，関西，中国，四国，九州，沖縄の 60 Hz 系が併存している．周波数を統一しようという声はたびたびあがったが，電力需要急増への対応を優先したり，ときには財政難であったり，などの理由で実現しなかった．九州では 50 Hz 系と 60 Hz 系にわかれていたが，太平洋戦争の終戦後より 1960 年までの 15 年間で 60 Hz に統一された．

今日のように両システムが発展した段階では，日本において周波数を統一することは困難であると予想される．2.1 節で述べたように，両システムは周波数変換所を介して直流で結ばれているが，今後も必要に応じてさらに周波数変換所が増設されることになろう．

50 Hz と 60 Hz ではどちらが有利かについて概観してみると，電気機器においては 60 Hz の方が有利であるが，送電においては 50 Hz の方が有利である．このようになる理由を少し考えてみる．

電動機の仕事量を決めるトルクは回転数に比例し，回転数は周波数で決まることから，仕事量は 60 Hz の方が大きくなり有利と言える．

変圧器の誘導起電力は，周波数と磁束に比例することから，周波数が高い 60 Hz の方が，同じ起電力を得るためにより小さな磁束でよく，つまり同じ磁束密度の場合にはより小さな磁路断面積で済むことになり，よりコンパクトで省資源に貢献でき経済性から見て有利と言える．

一方，送電システムの力率について考えてみると，送電路のインダクタンス分は周波数に比例することから，周波数の低い 50 Hz の方がシステムの力率は高く（良く）なる．また，送電電力は力率に比例することから，送電効率という点でも力率が高くなる 50 Hz の方が有利と言える．

以上で説明した点については，本章末の問題 1 を解くことによりさらに理解が進むであろう．

2.3 送電電圧

　電力システムの発展とともに**送電電圧**は上昇を続け，日本では 1973 年に 500 kV が運転を開始し，その後，1992 年に 1000 kV の送電線（4 ルート，計 488 km）が完成し 500 kV で運転されている．当初 2000 年の始めには 1000 kV に昇圧される予定であったが，電力需要の伸びが鈍化したことから先延ばしになっている．一方，中国は日本からの技術コンサルティングを受けながら，2000 年頃から技術開発に取り組み，2010 年には 1000 kV 送電の運転が始まっている．

　図 2.1 に最高送電電圧の変遷を示す．縦軸を対数表示とし，2 倍ごとに目盛りを付けているので，おおよそ 20 年ごとに 2 倍の割合で最高送電電圧が上昇していることがわかる．

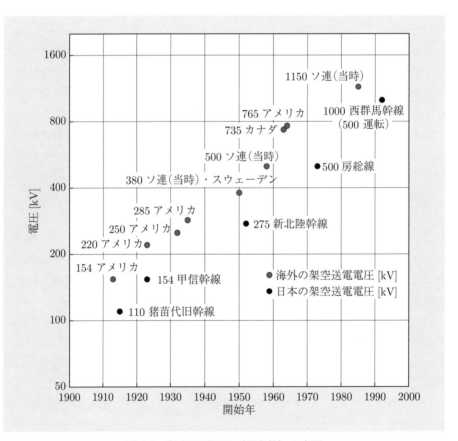

図 2.1　架空送電電圧（最高値）の変遷

　送配電線路の電圧を表すのに，その線路を代表する線間電圧をとり，**公称電圧**（nominal voltage）と呼んでいる．公称電圧に対応して，その線路に通常発生する最高の線間電圧を**最高電圧**と呼んでいる．公称電圧と最高電圧の標準値は，日本では表2.2のようになっている．

表2.2　日本における公称電圧と最高電圧

公称電圧 [kV]	最高電圧 [kV]	公称電圧 [kV]	最高電圧 [kV]
3.3	3.45	154	161
6.6	6.9	187	195.5
11	11.5	220	230
22	23	275	287.5
33	34.5	500	525
66	69	500	550
77	80.5	1000	1100
110	115		

　日本では公称電圧 187 kV と 275 kV を超高圧，500 kV を超々高圧，1000 kV を **UHV**（<u>u</u>ltra <u>h</u>igh <u>v</u>oltage）と呼んでいる．

　ここで，送電電圧が上昇し続けている理由を考えてみる．**交流三相 3 線式**では，システム全体における送電電力 P は，線間電圧を V，線電流を I，負荷力率を $\cos\phi$ とすると，

$$P = \sqrt{3}\,VI\cos\phi \tag{2.1}$$

と表され，また導体の線路損失 P_ℓ は，送電線 1 条の抵抗を R とすると，

$$P_\ell = 3RI^2 \tag{2.2}$$

となる．ここで，**線路損失率** λ を，

$$\lambda = \frac{P_\ell}{P} \tag{2.3}$$

で定義すると，送電電力 P は，

$$P = \frac{\lambda V^2 \cos^2\phi}{R} \tag{2.4}$$

と表される．(2.4) 式より，線路損失を一定とすると送電電力は送電電圧の 2 乗に比例して大きくなることがわかる．

また，送電効率 η を

$$\eta = 1 - \lambda = \frac{P - P_\ell}{P} \tag{2.5}$$

で定義し，$I = \frac{P}{\sqrt{3} V \cos\phi}$ の関係を用いると，

$$\eta = 1 - \frac{RP}{V^2 \cos^2\phi} \tag{2.6}$$

という関係式を得ることができる．この式から，同じ大きさの電力を送る場合に送電電圧を高くすることにより，送電効率が上昇することがわかる．

　以上のことから，大電力を効率良く輸送する場合には，送電電圧を高くすることを検討することになる．ただ，高電圧になると電気絶縁に関する大きな責務が生じ，また，コロナ放電対策も必要となることから，送電電圧の選定に当たっては最適化を図ることが求められる．

💬 　「n 年で m 倍の割合で増加」という場合に使える片対数グラフ

　「n 年で m 倍の割合で増加」というように，指数関数的な増加を見出すのに便利なのが片対数グラフである．年数を x，注目している量を y とすると，n 年で m 倍の割合で増加というのは，$y = km^{\frac{x}{n}}$（k：定数）と表すことができ，両辺の対数をとると $\log_{10} y = \log_{10} k + \frac{x}{n} \log_{10} m$ と示せることから，縦軸 $\log_{10} y$，横軸 x の片対数グラフで直線として表せ，その傾きから m や n を推定できる．ここで x が n だけ変化し $x_1 \to x_1 + n$ としたときに，y は $y_1 \to y_2$ と変化するとして，上式に代入して両式の差分をとる．これより $\log_{10} y_2 - \log_{10} y_1 = \log_{10} m$ が得られ，最終的に $m = \frac{y_2}{y_1}$ という関係式に至る．つまり，片対数グラフで直線近似できる特性の場合には，横軸で n だけ離れた 2 点をとり，そこでの縦軸の値の比を取ることにより，m の値を求めることができる．

　図 2.1 には架空送電電圧（最高値）の西暦による変遷が片対数グラフで示されている．各点はほぼ直線上にあることにより，その傾きからおおよそ 20 年ごとに 2 倍の割合で上昇しているという表現が可能となる．

2.4 交流の電気方式

交流送電における**電気方式**，すなわち**送電方式**としては，**単相 2 線式**，**三相 3 線式**，**三相 4 線式**，**n 相 n 線式**が挙げられる．最適な方式を選択することを想定し，電線 1 条当たりの送電電力と所要全電線断面積を考慮して検討を行ってみる．

線間電圧を V，電線 1 条に流れる電流を I，力率を $\cos\phi$，システム全体における送電電力を P，送電線による損失電力を P_ℓ とした場合，例えば，単相 2 線式では，電線 1 条当たりの送電電力は，

$$\frac{P}{2} = \frac{VI\cos\phi}{2} \tag{2.7}$$

また，1 条当たりの損失電力は，

$$\frac{P_\ell}{2} = RI^2 \tag{2.8}$$

で求められる．一方，電線 1 条の抵抗は次式で与えられる．

$$R = \frac{\rho l}{S} \tag{2.9}$$

ここで，S は断面積，ρ は導電率，l は長さである．最終的に，(2.7)〜(2.9) 式を用いて必要となる電線断面積の合計 $2S$ を求めると次式となる．

$$2S = \frac{4P^4\rho l}{P_\ell V^2 \cos^2\phi} \tag{2.10}$$

この全電線断面積は材料コストを評価する上で重要な指標となる．

例題 2.1

　単相 2 線式と同様に，三相 3 線式について，電線 1 条当たりの送電電力および必要となる全電線断面積を求めよ．

【解答】　まず，システム全体における送電電力 P は (2.1) 式より，

$$P = \sqrt{3}\,VI\cos\phi \tag{①}$$

となることから，電線 1 条当たりの送電電力は，次式で与えられる．

$$\frac{P}{3} = \frac{\sqrt{3}\,VI\cos\phi}{3} \tag{②}$$

一方，1 条当たりの損失電力は，1 条当たりの抵抗を用いて

$$\frac{P_\ell}{3} = RI^2 \tag{③}$$

で求められる．ここで，③式に，R に関する (2.9) 式と②式から得られる I に関する式をそれぞれ代入することにより，最終的に必要となる全電線断面積 $3S$ を求めると次式となる．

$$3S = \frac{3P^2\rho l}{P_\ell V^2 \cos^2\phi} \qquad\blacksquare$$

　同様にほかの送電方式について，電線 1 条当たりの送電電力と，システム全体の送電電力 P および送電損失 P_ℓ の関数で表した所要全電線断面積とを求め，比較した結果を表 2.3 に示す．それぞれの送電方式について，線間電圧のうち最も大きな値を V，線路電流を I として比べると，三相 3 線式は送電電力が大きく，かつ断面積を小さくできる最も優れた方式だということがわかる．

　このほか，三相式は単相式に比べて回転磁界を作りやすく，交流電力の瞬時値の和が時間的に変動せず一定に保たれるなど優れた性質をもっている．なお，表 2.3 には含まれないが，中性線を追加した三相 4 線式がある．三相 3 線式に比べ電線本数が増加することから，電線 1 条当たりの送電電力や電線全断面積では不利になるものの，線間電圧と相電圧（中性線との間の電圧）の両方を利用できる利点があることから配電において用いられている．

表 2.3 種々の交流送電方式における送電電力と電線全断面積

送電方式	結線図	電線1条当たりの送電電力	比率	所要全電線断面積	比率
単相2線式		$\dfrac{VI\cos\phi}{2}$	1	$\dfrac{4P^2\rho l}{P_\ell V^2\cos^2\phi}$	1
三相3線式		$\dfrac{\sqrt{3}\,VI\cos\phi}{3}$	1.15	$\dfrac{3P^2\rho l}{P_\ell V^2\cos^2\phi}$	0.75
対称 n 相 n 線式 (n：奇数, $n=2m+1$, $m\geqq 1$)		$\dfrac{VI\cos\phi}{2\sin\frac{m}{2m+1}\pi}$	$1\sim$ 1.15	$\dfrac{4P^2\rho l\sin^2\frac{m}{2m+1}\pi}{P_\ell V^2\cos^2\phi}$	0.75 ~ 1
対称 n 相 n 線式 (n：偶数, $n\geqq 4$)		$\dfrac{VI\cos\phi}{2}$	1	$\dfrac{4P^2pl}{P_\ell V^2\cos^2\phi}$	1

2章の問題

□**1** 2.2節で概略を述べたように，交流 50 Hz と 60 Hz を比べると，電気機器においては 60 Hz の方が経済性などで有利であるが，送電においては 50 Hz の方が効率などで有利である．その理由について，電気磁気学や電気機器学で学んだ知識を利用しながら，詳しく説明せよ．

□**2** 交流の対称三相回路は「交流電力の瞬時値が時間的に変動せず常に一定に保たれている」という特徴を有している．このことを次の手順で示せ．
(1) ある相の電圧の瞬時値を $E_1 \cos \omega t$，電流を $I_1 \cos(\omega t - \phi)$ で表すときに，この単相の電力の瞬時値 W_1 を求め，電源の2倍の周波数で変動していることを示せ．
(2) 上記 (1) で求めた以外の相の電力瞬時値 W_2 と W_3 を求め，最終的に三相交流電力の瞬時値が時間 t を含まず常に一定値になる，すなわち電力が脈動しないことを示せ．

□**3** 表 2.3 に示されている n 相 n 線式における電線1条当たりの送電電力および所要全電線断面積を求めよ．

3 線路の構成

前章までで大電力を効率よく輸送するには，高電圧三相交流送電が最適であることを理解したところである．本章ではこのシステムを実現するために，どのような構成をとり，また，どのような構成要素を選択しているのかについて学ぶ．

3章で学ぶ概念・キーワード

- 架空送電線路
- 鋼心アルミより線（ACSR）
- 多導体方式
- 懸垂がいしとアークホーン
- 鉄塔

3.1 構成の概要

送電線路には，**架空送電線路**と**地中送電線路**がある．地中送電線路については12 章で説明する．三相交流架空送電線路の構成概略を図 3.1 に示す．一番上の線は**架空地線**と呼ばれ，雷害を防ぐ役割を果たしている．その下には三相交流の 3 本の**送電線**（電力線とも呼んでいる）があり，上から順に，**上相**，**中相**，**下相**と呼んでいる．

送電線は図 3.2 に示すように，相配置を区間ごとに変える**撚架**（transposition）と呼ばれる配線がなされている．撚架によって，各線のインダクタンスや静電容量が等しくなるようにしている．

送電線路は送電線や架空地線以外に，がいし連や空気のギャップ（**クリアランス**（clearance）と呼ぶ）からなる絶縁物，鉄塔などの支持物から構成されている．

日本では図 3.1 に示すような三相 2 回線配置が多く，送電線は鉄塔の両側に 3 条ずつ配置されている（なお，同図では簡略化して片側の 3 条しか描かれていない）．鉄塔は架空地線に雷撃した際の電流を流すため接地されている．また，そこで発生する接地抵抗（塔脚接地抵抗）をできるだけ減らす工夫がなされている．そのため地中に電線を埋めた埋設地線が用いられることもある．

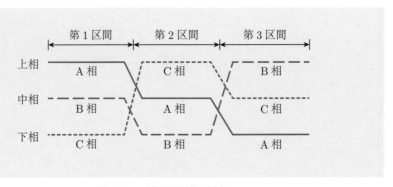

図 3.2 三相送電線の撚架

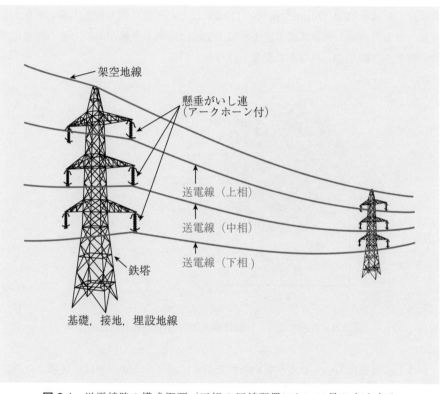

図 3.1 送電線路の構成概要（三相 2 回線配置において見やすくする
ために，片側 1 回線分の 3 条の送電線と架空地線が示されて
いる．）

3.2　電　　線

架空送電用の導体を材質により分類すると，**硬銅線**，**硬銅より線**，**鋼心アルミより線**（**ACSR**, <u>a</u>luminum <u>c</u>onductor <u>s</u>teel <u>r</u>einforced）に分類できる．硬銅線には表皮効果があるため，通常は細い硬銅線を多数よった硬銅より線の方が使われる．硬銅より線の抵抗率は $\frac{1}{55}$ Ω·mm²/m で 77 kV 以下の送電に使われる．鋼心アルミより線の抵抗率は $\frac{1}{35}$ Ω·mm²/m で，110 kV 以上の送電に使われる．鋼心アルミより線の断面構造は，図 3.3 に示すように，中心には鋼より線があり，その外側に多数の硬アルミ線がよられながら巻きつけられている．

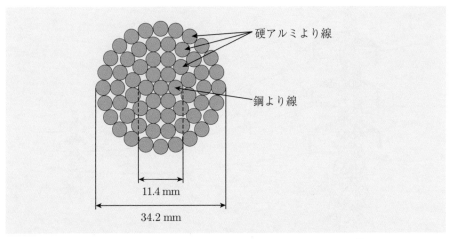

硬アルミより線

鋼より線

11.4 mm

34.2 mm

図 3.3　鋼心アルミより線の断面図例（ACSR 610 mm²）

表 3.1 に電線に用いられる材質の特性を示す．硬アルミより線は，硬銅より線に対して導電率は約 60 % であるが，密度は 30 % なので，同じ抵抗値を実現する場合でも電線重量を軽くすることができる．その場合，確かにより線の半径は大きくなるが，大きくなったことによる電界緩和効果が期待され，特に高電圧下ではコロナ放電が出にくくなる利点も出てくる．一方，機械的強度は劣るので鋼より線と組み合わせて弱点を補ったものが鋼心アルミより線（ACSR）である．

275 kV 以上の送電線では，図 3.4 に示すように，1 本の導体を太くする代わりに 1 相当たり 2 本以上の導体を用いる**多導体方式**を用いる．なお，1 相当たり 1 本の導体を用いる方式を**単導体方式**という．

多導体の例として，275 kV では 2 導体，500 kV では 4 導体，1000 kV では 8 導

表 3.1　電線材料の特性

より線の種類	導電率 [%] (標準軟銅を基準)	密度 [g/cm^3]	引張強度 [kg/mm^2]
硬銅より線	97	8.9	34〜48
硬アルミより線	61	2.7	15〜17
鋼より線	8〜12	7.8	125〜140

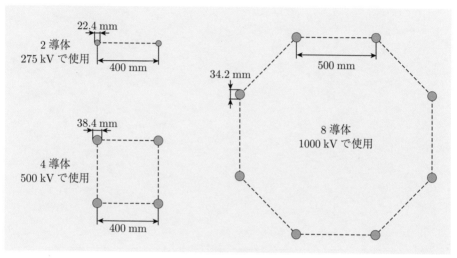

図 3.4　各種多導体方式

体が使われる．多導体を用いると，同じ電位の導体が広がりをもって配置されるため，等価的に導体径が大きくなった効果があり，電界分布の性質からコロナ放電が発生しにくくなる．また，多導体では単導体に比べてインダクタンスが小さく静電容量が大きくなるので送電線インピーダンスが小さくなり，送電容量が増大する利点もある．

　電線の選定に当たっては，電線の費用，送電損失，コロナ障害，許容電流，線路経過地の気象など種々の要因を検討しなければならない．このうち電線の費用と送電損失について考えると，電線を太くすれば送電損失は減るが費用は増加する．許容電流については，電線に大きな電流が流れて温度が一定限度以上になると，機械的な性質が低下することを考える必要がある．許される温度は，電流の流れる時間によって異なり，電流が連続的に流れる場合の最高許容温度は，ACSR に用いられている硬アルミ線では 90°C である．これを踏まえると，一本当たり 400

〜1000 A にする必要が出てくる．ジルコニウムなどを添加した耐熱アルミ合金線では連続電流に対する最高許容温度が 150°C になるので，導電率は硬アルミ線よりわずかに小さいが，大容量の送電に適している．鋼より線と組み合わせ，**鋼心耐熱アルミ合金より線**（**TACSR**：<u>t</u>hermal-resistant <u>a</u>luminum-alloy <u>c</u>onductor, <u>s</u>teel <u>r</u>einforced）として用いられる．

☕ エジソン電球と藤岡市助電球

　米国の T. A. エジソンは 1879 年に木綿糸を炭化したフィラメントを用いた白熱炭素電球を発明したが，最適なフィラメント材料を求めて，世界各地から集めた 6000 種以上の素材を試験した．その結果として見つけた最適な材料が，京都八幡村の竹であったということで，日本とも関係が深い．

　一方，藤岡市助は 1.3 節のコーヒーブレイク「日本の電気の事始め」に登場したエアトン教授の教え子で，その後電気工学科の教授を務め，発電機の国産化など国内の電気事業の確立に多大な貢献をしたことから日本のエジソンとも呼ばれている．その中で，1883 年には東京電燈（現東京電力の前身）の設立に貢献し，自ら技師長を併任しながら英国から輸入した電球製造機を利用して，日本で初めて炭素電球の試作に成功している．また 1890 年に白熱舎（現東芝の電子部門の前身）を設立し，1892 年には，独自のアイデアを加え特許を得た国産第 1 号の白熱電球を製造している．2 組のフィラメントを用い直並列の切換によって光量を変化できる電球で，元祖エジソン電球にはない独創性が含まれている．

3.3 が い し

　架空送電線の絶縁は，導体をがいし（碍子，insulator）で支持することによって確保される．導体と導体，導体と鉄塔，導体と架空地線などの距離は，風などによる振動によって変化するので，これらを考慮して合理的な**離隔距離**（**クリアランス**）を定める必要がある．

　がいしは，磁器，ガラス，プラスチックスなどでできた絶縁部分と，金属電極で構成される．特に，送配電線路で用いられるがいしは，構造によって懸垂がいし，長幹がいし，ピンがいしに大別される．

　懸垂がいし（suspension insulator）は，電圧に応じて適切な個数を連結して用いるので便利であり，広く使用されている．図 3.5(a), (b) に構造を示す．連結部分の構造によって同図 (a) のクレビス（clevis，U 字形の連結器）形と同図 (b) のボールソケット形がある．図に示した懸垂がいしは直径 250 mm の標準品であるが，500 kV や 1000 kV の送電線ではもっと大型のものが使用されている．絶縁材

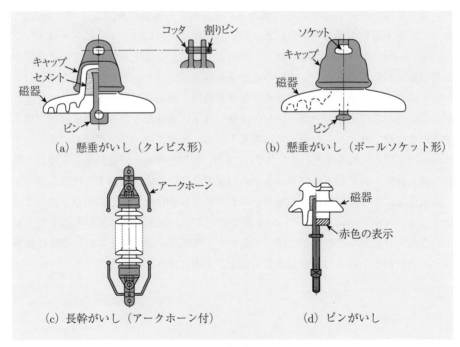

(a) 懸垂がいし（クレビス形）　　　　(b) 懸垂がいし（ボールソケット形）

(c) 長幹がいし（アークホーン付）　　　　(d) ピンがいし

図 3.5　各種がいし

料としては長石系の磁器を用いているが，ガラスも海外では用いることがある．

　長幹がいしは，図 3.5(c) に一例を示すように電極間に多数のひだをもつ細長いがいしである．がいしやがい管（ブッシング）のように大気に開放された環境（外部絶縁）で用いられる場合には，表面に塩分が付着すると雨天時に絶縁耐力が大幅に低下する．長幹がいしは，このような塩害に対して優れた性質をもっている．近年，繊維強化プラスチック（FRP）の円筒にシリコーンゴムのひだを密着させた長幹がいしやがい管も採用されている．

　ピンがいしは，送電の初期から用いられ送電電圧の上昇とともに大型化したが，最近は送電線には懸垂がいしが用いられ，図 3.5(d) に一例を示した構造のものが配電線に使用されている．

　このほか特殊な例としては，塩害に耐えるように，懸垂がいしのひだの数と深さを増した**耐塩がいし**がある．また，避雷器用の非直線抵抗体を内蔵し，雷撃時にがいしに加わる電圧を低下させてフラッシオーバを防ぐ**避雷がいし**も開発されている．

　懸垂がいしは，多数個接続し，**がいし連**（insulator string）として用いられている．図 3.6 は，がいし連を鉄塔の腕金（アーム）から垂直に配置した例であるが，水平に配置する耐張連も用いられる．がいし連には同図に示すように**アークホーン**（arcing horn）がつけられる．雷サージのような過大な電圧が加わって，電極間が火花放電で橋絡するフラッシオーバを生ずる場合，アークががいし表面を進展しないようにすることが主な目的である．併せて適切な構造を工夫することにより，各がいしに加わる電圧分担を均一化し，電線つり下げ金具などからコロナ放電が発生するのを軽減できる．したがって送電電圧が高い場合には，リング状や二重リング状のものが用いられる（**アークリング**）．また，汚損を考慮して連結個数を増した場合には，雷サージに対するフラッシオーバ電圧を適切な値に調節する役目もある．

　送電電圧によって使用される懸垂がいしの個数は変化する．その関係を表 3.2 に示す．送電線路の絶縁については 11 章で述べるが，送電線路に加わる種々の過電圧のうち，遮断器などの開閉に伴って発生する開閉サージに耐えるのに必要な個数に，不良がいしを考えて 1 個加えたものがこの表に示されている．

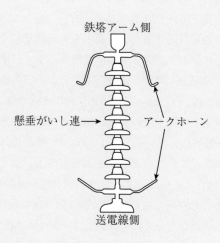

図 3.6　懸垂がいし連とアークホーン

表 3.2　送電電圧と懸垂がいし個数

電圧階級 [kV]	がいしの種類	個数
33	250 mm 懸垂	3
66	〃	4
77	〃	5
110	〃	7
154	〃	9
187	〃	11
220	〃	13
275	〃	16
500	340 mm 懸垂	26 × 2 連
1000	380 mm 懸垂	32 × 2 連

3.4　鉄　　塔

　送電線の支持物には，鉄塔，鉄柱，鉄筋コンクリート柱，木柱の 4 種類がある．
これらのうち，鉄塔以外の 3 種類は，日本では電圧 77 kV 以下の送電線において，
必要な機械的強度に応じて用いられる．

　ここでは，高電圧の送電線路で最も広く用いられる**鉄塔**について述べることにす
る．鉄塔には種々の形状があり，図 3.7 に代表例を示す．日本の 2 回線送電線に用
いられている鉄塔は，同図 (a) のように断面が正方形の**四角鉄塔**で，腕金が 3 層の
ものが多い．鉄塔の高さは，500 kV では 63 m，1000 kV では 110 m となっている．
同図 (b) の**えぼし形鉄塔**と同図 (c) のように断面が長方形の**方形鉄塔**は，いずれも
1 回線の電力線を水平配列にしている．なお，えぼし形鉄塔は中腹部が細くなって
いる形状をもち，宮中などで儀式のときにかぶる鳥帽子に似ていることから，日本
では「えぼし形」と呼ばれている．日本では 2 回線鉄塔が多いことから四角鉄塔が，
また，えぼし形鉄塔と方形鉄塔は欧州や北米等の諸外国に使用例が多い．同図 (d)
の**門形鉄塔**は，鉄道や道路などをまたいで建設する場合に用いられている．このほ
かにも，市街地や都市公園などの周辺では環境に調和した形状の鉄塔や，また，国
立公園やその周辺では，鉄材の表面処理をして低光沢化を図った鉄塔が採用されて
いる例もある．

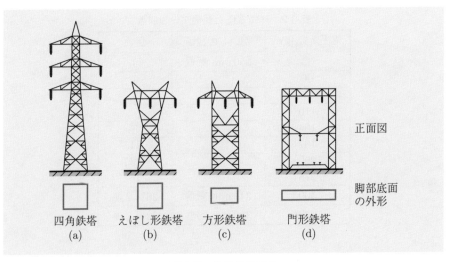

四角鉄塔　　えぼし形鉄塔　　方形鉄塔　　門形鉄塔
(a)　　　　　(b)　　　　　(c)　　　　　(d)

正面図

脚部底面
の外形

図 3.7　各種鉄塔形状

　そのほか，使用目的によって，送電線路の直線部分で用いられる直線鉄塔，水平角度のある場所で用いられる角度鉄塔，変電所入口などで送電線を引き留めるための引留鉄塔，川や谷を越える場合や送電線路の分岐点など特別な場所で用いられる特殊鉄塔などに分類される．

　鉄塔と鉄塔との距離を径間（span）と呼び，電圧と回線数，電線の種類と太さ，支持物の構造，気象と地形などを考慮して経済的な径間が選ばれる．日本で用いられている標準的な径間は，77 kV 以下で 200～250 m，154 kV で 250～300 m，275 kV で 300～350 m，500 kV で 400～500 m となっている．

3 章の問題

□**1**　図 3.3 の鋼心アルミより線と，これと同じ抵抗値をもつ硬銅より線の引張り強さを比較せよ．ただし簡単のため鋼心アルミより線では電気的特性は硬アルミより線だけで決まり，機械的特性は鋼より線と硬アルミより線の合計で決まると仮定してよい．なお，図 3.3 において硬アルミより線部分の断面積は 612 mm^2，鋼心部分は 79 mm^2 とする．

□**2**　154 kV の送電線では表 3.2 に示したように，懸垂がいし 9 個が普通用いられる．このがいし連の交流フラッシオーバ電圧は，乾燥時で 540 kV（実効値）である．台風などによって塩分が付着すると，最悪の場合には通常の運転電圧でもフラッシオーバすることがある．この場合，がいし連のフラッシオーバ電圧は乾燥時の何 % に低下したことになるか．

4 線路定数

電力輸送を担う三相交流送電システムがどのような電気特性を有しているかを検討する準備として，送電システムを電気回路の観点から考察し，その回路を構成する送電線の抵抗，インダクタンス，静電容量をどのように算出するのかを学ぶとともに，おおよそどのくらいの値になるのかを理解する．

4章で学ぶ概念・キーワード
- 等価回路
- 線路定数
- 抵抗
- インダクタンス，作用インダクタンス
- 静電容量，作用静電容量

4.1 送電線の等価回路

交流送電では，**線路定数**として抵抗以外に線路のインダクタンスと静電容量（キャパシタンス）を考える必要がある．

交流送電線の等価回路を考えるに当たっては，これらの定数を集中定数回路の構成要素として取り扱うのか，または，これらの定数は線路全長にわたって分布しているので，分布定数回路の構成要素として取り扱うのか，についてどちらかを選択する必要がある．

回路理論で勉強したように集中定数回路と分布定数回路のどちらを選択するかは，対象となる線路長と交流波形の波長との比較によって決めることになる．線路長が波長より十分短い場合には集中定数回路を，また，$\frac{1}{100} \sim \frac{1}{10}$ 波長程度を超える場合には分布定数回路を選択することになる．両者の中間では，適当な区間ごとに集中定数回路を構成し，それらをつなげることが行われる．

交流 50 Hz の波長は 6000 km，また，60 Hz の場合は 5000 km である．線路長と波長の関係をイメージしやすくするために，地点間の直線距離と波長の比較を行っておく．交流 50 Hz の波長を基準に，東京との直線距離を考えると，横浜まで約 $\frac{1}{200}$ 波長，仙台や名古屋まで約 $\frac{1}{20}$ 波長，大阪まで約 $\frac{1}{15}$ 波長，札幌や博多まで約 $\frac{1}{7}$ 波長，那覇まで約 $\frac{1}{4}$ 波長，北京まで約 $\frac{1}{3}$ 波長，ニューデリーまで約 1 波長となり，東京・横浜間の距離（大阪・神戸間の距離も同程度）を除いて分布定数回路で扱った方がよいと言える．

架空送電線では，5 章で詳しく述べるように，距離が数十 km 以下（$\frac{1}{200} \sim \frac{1}{100}$ 波長相当）の場合や，100 km（$\frac{1}{60} \sim \frac{1}{50}$ 波長相当）程度でも概略計算の場合は，抵抗などを 1 箇所あるいは数箇所にまとめた集中定数回路として取り扱ってよく，数百 km（$\frac{1}{20} \sim \frac{1}{10}$ 波長相当）以上の場合は分布定数回路として取り扱うことになる．

4.2　抵　　抗

　架空線の交流印加時の**抵抗**は，直流印加時の抵抗とほぼ同じと考えてよく，その値は 0.1 Ω/km 程度となっている.

　交流では電磁誘導作用による**表皮効果**で，電流が電線の中心部より表面近くの方にかたよって流れる性質がある. かたよりの大きさを示す表皮厚 d は，角周波数を ω，導電率を σ，透磁率を μ とすると，次式で表される.

$$d = \sqrt{\frac{2}{\omega\sigma\mu}} \tag{4.1}$$

　周波数，導電率，透磁率が大きいほど表皮厚が小さくなり，等価的に抵抗値が増加することになる. 特に電線の導体面積が大きくなると，その効果が相対的に強調されることになる. 架空送電線で一般的に使われる鋼心アルミより線（ACSR, 3.2節参照）について考えてみると，表皮効果による抵抗値の増加は小さく，50 Hz や60 Hz の商用周波数においては 2～3 % の増加であり，通常は考慮していない.

　また，地中送電線で用いている電力ケーブルは導体の総断面積が大きくなり表皮効果による抵抗値の増加が懸念されることから，小さな断面積をもつ導体に分割して表皮効果による抵抗増を低減している.

　もう一つ，通電時の温度上昇により抵抗値が増加すると考えられる. ただ, 50 °C 程度の温度上昇による抵抗値の増加は数 % であり，加えて，抵抗値が増加すると表皮厚が大きくなり，結果として電流密度が下がり，温度が低下して，最終的に抵抗値も減少する方向へ動くことになる. 以上のことから，通電時の温度上昇に起因する抵抗値の増加についても通常は考慮していない.

　交流抵抗に対する表皮効果と通電時の温度上昇の影響を検討してきたが，いずれも通常の状態では大きな影響を与えないことから，その値としては直流抵抗値（0.1 Ω/km 程度）を用いることができる.

4.3 インダクタンス

4.3.1 往復 2 電線のインダクタンス

送電線路のインダクタンスを考えるときの基本式は，図 4.1 に示すように，2 本の電線が平行におかれ，逆向きの電流が流れている往復線路でのインダクタンスの式である．電線中心間距離 D が半径 r より十分大きい場合，1 線の単位長当たりのインダクタンス L は次式で与えられる．

$$ L = \frac{\mu_0}{4\pi}\left(\frac{\mu_\mathrm{s}}{2} + 2\log\frac{D}{r}\right) \tag{4.2} $$

ここで，μ_0 は真空中の透磁率，μ_s は電線の比透磁率である．括弧内の第 1 項は内部インダクタンスに，また第 2 項は外部インダクタンスに対応している．

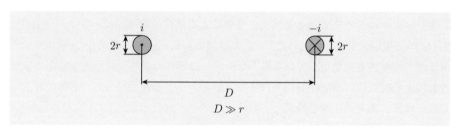

図 4.1 往復 2 線

なお，銅やアルミニウムの比透磁率は 1 としてよく，ここで送電線路でのインダクタンスの計算に役立つ定数を示しておくと次の通りとなる．

$$ \frac{\mu_0}{4\pi} = 10^{-7}\,[\mathrm{H/m}] = 0.1\,[\mathrm{mH/km}], \quad \mu_\mathrm{s} = 1 $$

4.3.2 三相電線のインダクタンス

まず，図 4.2 の正三角形配置の 3 線に対称三相交流を加えた場合の電線のインダクタンスを考える．電線 1 に流れる電流 i_1 の帰路は，等間隔 D にある電線 2 と 3 で構成されており，電流としては $i_1 = -(i_2 + i_3)$ の関係が成り立つことから，1 線の単位長当たりのインダクタンス L は往復 2 線のインダクタンスで求めた式と全く同じように，次式で求めることができる．

$$ L = \frac{\mu_0}{4\pi}\left(\frac{\mu_\mathrm{s}}{2} + 2\log\frac{D}{r}\right) \tag{4.3} $$

次に，図 4.3 のように非対称な配置の 3 線に対称三相交流を加える場合を考える．この場合，各線のインダクタンスはそれぞれ異なってくるが，通常は送電線をいくつかの区間に分け，区間ごとに各相の配置を変えて，全体としてのインダクタンスや静電容量がバランスするように撚架（3.1 節参照）を行う．撚架を行った場合には，1 線の単位長当たりのインダクタンスは，(4.3) 式の D として次に示す幾何平均距離を代入することにより求めることができる．

$$D = \sqrt[3]{D_{12} D_{23} D_{31}} \tag{4.4}$$

以上のようにして求めた 1 線の単位長当たりのインダクタンス L は，**作用インダクタンス**（後に送電特性などの計算で 1 相当たりの等価インダクタンスとして用いられる値）と呼ばれ，通常 1.2～1.4 mH/km の値となっている．

なお，図 4.4 のような多導体一組の単位長当たりのインダクタンスは，

$$L = \frac{\mu_0}{4\pi} \left(\frac{\mu_\mathrm{s}}{2} + 2 \log \frac{\sqrt[3]{D_{12} D_{23} D_{31}}}{\sqrt[n]{r m^{n-1}}} \right) \tag{4.5}$$

となる．ここで n は素導体の本数，m は素導体間の距離である．多導体にすると L は減少することがわかる．

ここまでは，定常時のインダクタンスであるが，送電線の地絡などで対称三相交流の条件がくずれ大地が電流帰路になると，インダクタンスの値は大きく変化する．このような場合について考えてみる．地表高 h の電線と大地帰路の回路を考えると，大地の導電率が無限大であれば，帰路電流は地表面に集中するために図 4.5 に示すように電線の鏡像が地表下 h のところにあるのと等価になり，最終的に，電線インダクタンス L は (4.3) 式の D を $2h$ に置換して求めることができる．

しかし実際の大地の導電率は有限なので，帰路電流は商用周波の場合，かなり深くまで地中に広がって流れる．これを等価的に，図 4.6 に示すように電線の鏡像が深さ H にあるとしてインダクタンスを計算することができる．そこで，(4.3) 式において $D = h + H$ を代入することで，次式が得られる．

$$L = \frac{\mu_0}{4\pi} \left(\frac{\mu_\mathrm{s}}{2} + 2 \log \frac{h + H}{r} \right) \tag{4.6}$$

商用周波における大地帰路の等価深度 H は 300～900 m となる．

なお，大地が存在しても，電圧が平衡している三相の場合には，作用インダクタンスは大地の影響のない (4.3) 式で与えられる．

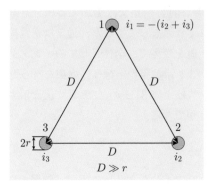

図 4.2　正三角形配置の三相電線

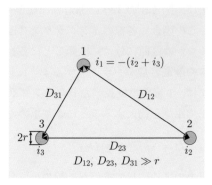

図 4.3　任意三角形配置の三相電線

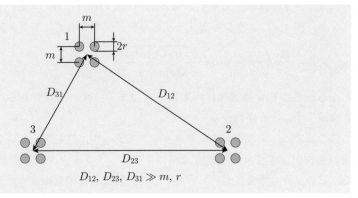

図 4.4　多導体の三相電線

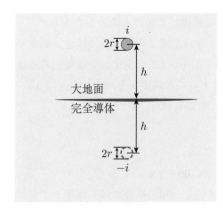

図 4.5　大地が完全導体とした場合の
　　　　大地帰路

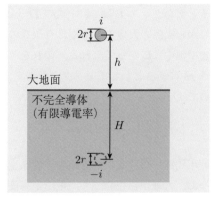

図 4.6　大地が不完全導体とした場合の
　　　　大地帰路

4.4 静電容量

4.4.1 平行2線間および線と大地間の静電容量

送電線路の**静電容量**を考えるときの基本式は，インダクタンスと同様で，図4.7(a) に示すように2本の電線が平行におかれた場合に得られる静電容量の式である．電線中心間距離 D が半径 r より十分大きい場合に，空気の誘電率は真空中の誘電率 ε_0 と同じであるとして，2線間の静電容量 C は次式で与えられる．

$$C = \frac{\pi\varepsilon_0}{\log \frac{D}{r}} \, [\mathrm{F/m}] \tag{4.7}$$

ここで，図4.7(b) に示すように2線のうち一方に v，他方に $-v$ の対称な電圧が加わった場合について考えると，1線の中性点 O に対する単位長当たりの静電容量 $C \, [\mathrm{F/m}]$ は，(4.7) 式の2倍となり次式で与えられる．

$$C = \frac{2\pi\varepsilon_0}{\log \frac{D}{r}} \tag{4.8}$$

次に，図4.8に示す大地との静電容量は，大地面での鏡像を想定し1線のうち一方に v，他方に $-v$ の対称な電圧が加わることになり，(4.8) 式において，$D = 2h$ とした次式で求めることができる．

$$C = \frac{2\pi\varepsilon_0}{\log \frac{2h}{r}} \tag{4.9}$$

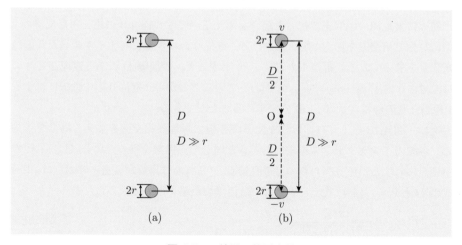

図 4.7 2線間の静電容量

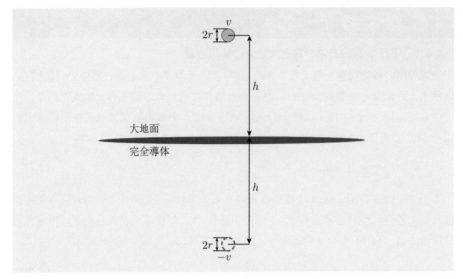

図 4.8　1 線の大地に対する静電容量

なお，送電線路での静電容量の計算に役立つ定数を示しておくと次の通りである.

$$2\pi\varepsilon_0 = 5.563 \times 10^{-11}\,[\text{F/m}] = 5.563 \times 10^{-2}\,[\mu\text{F/km}]$$

概略計算では，$2\pi\varepsilon_0 = \frac{1}{18}\,[\mu\text{F/km}]$ も利用できる.

4.4.2　三相電線の静電容量

　初めに大地面の影響を無視した場合を考える. まず，図 4.9 の正三角形配置の 3 線に対称三相交流を加えた場合における，電位 0 の中性線に対する 1 線当たりの静電容量を求めてみる. 電線 1 の電位を v_1 とすると，等間隔 D にある電線 2 と 3 には，対称な電圧 $v_2 + v_3 = -v_1$ が加わっていることから，電位 0 の中性線に対する 1 線当たりの静電容量は (4.8) 式で求めることができる.

　次に，図 4.10 のように非対称な配置の 3 線に対称三相交流を加える場合を考える. 各線のインダクタンスを求めたときと同じで，撚架を行った場合には，1 線の中性点に対する単位長当たりの静電容量 C （これを**作用静電容量**と呼ぶ）は (4.8) 式の D として，(4.4) 式で定義された幾何平均距離を用いて求められる.

$$C = \frac{2\pi\varepsilon_0}{\log \dfrac{\sqrt[3]{D_{12}D_{23}D_{31}}}{r}} \tag{4.10}$$

　一方，図 4.11 のように大地面の影響が無視できない場合を考えてみる. 静電容

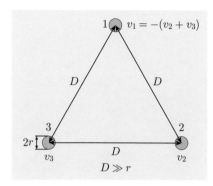

図 4.9 正三角形配置の三相電線に
おける静電容量

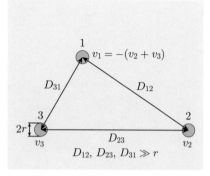

図 4.10 任意三角形配置の三相電線に
おける静電容量

量に関しては，大地の導電率が有限であっても，大地表面が電位 0 の等電位面であるとみなしてよい．この場合の 1 線の電位 0 点に対する単位長当たりの静電容量（作用静電容量）は，撚架の実施を前提として，次式で求めることができる（式の導出は本章の問題 2 としている）．

$$C = \frac{2\pi\varepsilon_0}{\log\left(\dfrac{D}{r}\cdot\dfrac{2h}{\sqrt{4h^2+D^2}}\right)} = \frac{2\pi\varepsilon_0}{\log\left\{\dfrac{D}{r}\cdot\dfrac{1}{\sqrt{1+\left(\dfrac{D}{2h}\right)^2}}\right\}} \qquad (4.11)$$

ここで，$D = \sqrt[3]{D_{12}D_{23}D_{31}}$, $h = \sqrt[3]{h_1h_2h_3}$. なお，図 4.11 中に示されているパラメータの中で，$H_{12}(=H_{21})$, $H_{23}(=H_{32})$, $H_{31}(=H_{13})$ は $H = \sqrt[3]{H_{12}H_{23}H_{31}}$ でそれぞれ置き換え，また，$H = \sqrt{4h^2+D^2}$ という近似を用いている．

(4.10) 式と (4.11) 式を比較することにより，大地面を考慮すると作用静電容量 C は大きくなることがわかる．ただ，その増加の割合は電線の地上高（幾何平均値）h と線間の距離（幾何平均値）D の比 $\dfrac{h}{D}$ が 3 を超えると 0.3% 以下になり，通常の配置では大地面の影響は無視してよい．

最終的に，通常の送電線路での作用静電容量 C の大きさは $10^{-2}\,\mu\mathrm{F/km}$ 程度である．

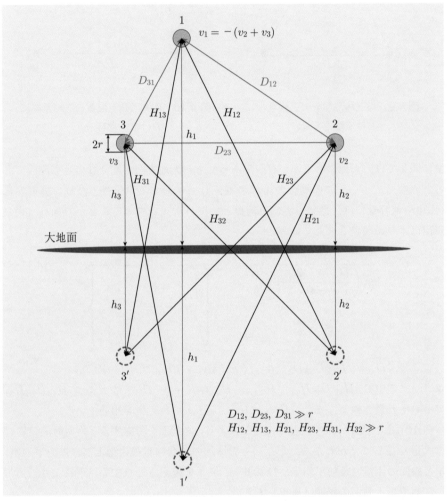

図 4.11　大地を考慮した場合の三相電線における静電容量

💬 無効電力を考える（その1）

有効電力は電力料金の算出根拠となることもあり，広く認知されている．一方，対となる無効電力は「無効」という名前のせいか，何となく無くてよいと誤解する人も多いかもしれない．この少し影の薄い「無効電力」に光を当てて，真の実力を考えてみたい．

付録の A.4 節で触れているように，系統の負荷がインダクタンスのみの回路である場合，その瞬時電力は電源周波数の 2 倍で正弦波振動しており，一周期の平均値である有効電力は零となっている．また，正弦波振動の振幅の大きさが無効電力である．ここで，瞬時電力の時間変化に着目すると，その値が正のときは，電源からインダクタンスに電力が送り込まれ，また負のときは，インダクタンスから電源に電力が送り戻されている．つまり，インダクタンスと電源との間では，一周期に 2 回，エネルギーのキャッチボールが行われ，インダクタンスへのエネルギーの蓄積，放出を繰り返している．エネルギーの観点でいうと，負の値をとらないので平均でピーク値の半分のエネルギーが蓄えられており，これが無効電力量と一致している．なお，負荷としてインダクタンスの代わりに，キャパシタンスを用いても同様な結論に至る．

上述のインダクタンスやキャパシタンスに蓄えられたエネルギーこそが，それらを含む機器や設備の運転状態を維持するためになくてはならないものになっている．この点は，エネルギーのキャッチボールの際に流れる電流，すなわち励磁電流や充電電流という用語で説明した方が理解しやすいかもしれない．例えば，変圧器の励磁電流は，変圧器の二次側出力電圧を発生させるために不可欠で，これ無しでは二次側に出力電流を生み出すことはできず，またエネルギーを送り出すことも不可能となってしまう．

以上のことから，無効電力は，人間でいうと生命活動の維持のためにベースとして必要となる「基礎代謝」と同じような役割をしていると言えよう．基礎代謝は不要だという人はいないはずである．

4章の問題

□**1**　以下の場合について線路定数を求めよ.

(1)　公称断面積 $240\,\mathrm{mm}^2$ の ACSR の抵抗を求めよ. ただし, 導体の抵抗率 ρ は $\frac{1}{35}\,[\Omega\!\cdot\!\mathrm{mm}^2/\mathrm{m}]$ と仮定する.

(2)　この電線が 1 条, 高さ $10\,\mathrm{m}$ に張られた場合, 大地を帰路とするインダクタンスを求めよ. ただし, 電線の半径を $1\,\mathrm{cm}$, 大地帰路等価深度を $600\,\mathrm{m}$ とする.

(3)　この電線が 3 条, 高さ $10\,\mathrm{m}$ で水平に間隔 $2\,\mathrm{m}$ おきに配列され, 対称三相交流を加えた場合の作用インダクタンスと作用静電容量を求めよ. ただし, 十分に撚架をしていると仮定し, また作用静電容量の計算では, 大地面の影響を無視した (4.10) 式を用いてよい.

□**2**　大地面の影響を考慮した場合の三相送電線において, 1 線に対する単位長当たりの静電容量 C (作用静電容量) は (4.11) 式で与えられるとした. この式を実際に導いてみよ.

5 定常時送電特性

　三相平衡状態での三相 3 線式送電線の電圧–電流特性について学ぶ．短距離・中距離・長距離送電線の単相等価モデルについて説明し，それぞれのモデルの四端子定数を比較する．

5 章で学ぶ概念・キーワード

- 単相等価回路
- 四端子定数
- 分布定数線路

5.1　三相平衡状態の送電線

　三相平衡電源と負荷をもつ三相平衡送電線回路を図 5.1(a) に示す．定常時は電圧，電流が三相平衡しているので，図中の仮想中性線を流れる電流 $\dot{I}_{\mathrm{N}}$ は零となる．したがって，電源の中性点の電位と負荷の中性点の電位は等しくなり，三相平衡状態での送電線の電圧–電流特性は，図 5.1(b) に示すように三相交流の単相回路で考えればよい．本章では，電圧は中性点からの相電圧を考え，電流，インピーダンスなど線路定数は 1 線当たりの値とする．

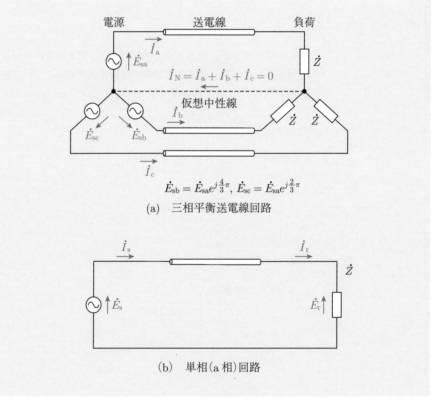

$$\dot{E}_{\mathrm{sb}} = \dot{E}_{\mathrm{sa}} e^{j\frac{4}{3}\pi}, \ \dot{E}_{\mathrm{sc}} = \dot{E}_{\mathrm{sa}} e^{j\frac{2}{3}\pi}$$

(a)　三相平衡送電線回路

(b)　単相 (a 相) 回路

図 5.1　送電線回路

5.2 短距離送電線（十数 km 以下）

送電電圧の波長は 50 Hz で 6000 km，60 Hz で 5000 km と長いため，十数 km 以下の短距離送電線の等価回路は，図 5.2 のように送電線の集中定数である抵抗 R，インダクタンス L，角周波数 ω で表現され，対地静電容量，対地コンダクタンスは小さくて無視できる．

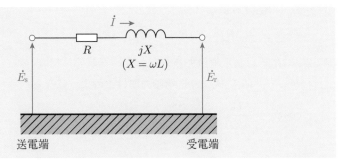

図 5.2 短距離送電線の等価回路

図 5.2 において，送電線の電圧は次式のように表される．

$$\dot{E}_s = \dot{E}_r + (R + jX)\dot{I} \tag{5.1}$$

ここで，$\dot{E}_s$, $\dot{E}_r$, $\dot{I}$, X はそれぞれ**送電端電圧**，**受電端電圧**，**送電線電流**，**送電線リアクタンス**（$X = \omega L$）である．

受電端電圧 $\dot{E}_r$ の位相を基準（0 rad）とし，**受電端力率**（遅れ）を $\cos\phi_r$ とすると，(5.1) 式より

$$\dot{E}_s = E_r + (R + jX)I(\cos\phi_r - j\sin\phi_r)$$
$$= E_r + I(R\cos\phi_r + X\sin\phi_r) + jI(-R\sin\phi_r + X\cos\phi_r) \tag{5.2}$$

となり，送電線電流 I が小さく，$\dot{E}_s$ と $\dot{E}_r$ の位相差が小さい場合，近似的に

$$E_s \cong E_r + I(R\cos\phi_r + X\sin\phi_r) \tag{5.3}$$

となる．

また，送電端から受電端までの電圧降下の受電端電圧に対する比を**電圧降下率 ε** といい，次式のように表される．

$$\varepsilon = \frac{E_s - E_r}{E_r} \times 100\,[\%] \tag{5.4}$$

(5.3) 式を用いると

$$\varepsilon \cong \frac{I(R\cos\phi_\mathrm{r} + X\sin\phi_\mathrm{r})}{E_\mathrm{r}} \times 100\,[\%] \tag{5.5}$$

となり，送電線電流が大きいほど，受電端力率が悪いほど，送電線亘長が長くなるほど電圧降下率は大きくなることがわかる．

受電端電力 P_r，送電端電力 P_s は，次のようになる．

$$P_\mathrm{r} = 3E_\mathrm{r}I\cos\phi_\mathrm{r} \tag{5.6}$$

$$P_\mathrm{s} = P_\mathrm{r} + 3RI^2 = 3E_\mathrm{r}I\cos\phi_\mathrm{r} + 3RI^2 \tag{5.7}$$

ここで，$3RI^2$ は送電線損失である．

したがって，(5.7) 式より**送電端力率**は次のようになる．

$$\cos\phi_\mathrm{s} = \frac{P_\mathrm{s}}{3E_\mathrm{s}I} = \frac{E_\mathrm{r}\cos\phi_\mathrm{r} + RI}{E_\mathrm{s}} \tag{5.8}$$

例題 5.1

図 5.2 に示す送電線距離 10 km の 66 kV 三相送電線がある．送電線 1 条当たりの抵抗，リアクタンスを $R = 0.5\,[\Omega]$, $X = 3.0\,[\Omega]$ とする．受電端電圧の大きさが 66 kV，負荷は力率 1 で $P_\mathrm{r} = 30\,[\mathrm{MW}]$ であるとき，送電線電流と送電端電圧の大きさ，電圧降下率を求めよ．

【解答】 (5.6) 式より，送電線電流 I は

$$30 \times 10^6 = 3 \times \frac{66 \times 10^3}{\sqrt{3}} \times I\,[\mathrm{W}]$$

$$\therefore\quad I \cong 262\,[\mathrm{A}]$$

(5.2) 式より，送電端電圧 $\dot{E}_\mathrm{s}$ は

$$\dot{E}_\mathrm{s} = \frac{66 \times 10^3}{\sqrt{3}} + 262 \times 0.5 + j\,262 \times 3.0 \cong 38236 + j\,786\,[\mathrm{V}]$$

$$\therefore\quad E_\mathrm{s} = \sqrt{38236^2 + 786^2} - 38244\,[\mathrm{V}] \cong 38.2\,[\mathrm{kV}]$$

したがって，送電端電圧は，$38.2 \times \sqrt{3} \cong 66.2\,[\mathrm{kV}]$ である．電圧降下率 ε は，(5.4) 式より

$$\varepsilon = \frac{66.2 - 66}{66} \times 100 \cong 0.37\,[\%]$$

5.3 中距離送電線（20〜100 km）

20〜100 km の中距離送電線では，送電線の対地静電容量（作用静電容量）C を考慮する必要が出てくるので，等価回路には図 5.3 のような T 形等価回路，π 形等価回路の 2 種類が考えられる．この送電線の送電端電圧，電流と受電端電圧，電流との関係を示す**四端子定数**は以下のようになる．

T 形等価回路

$$\begin{pmatrix} \dot{E}_s \\ \dot{I}_s \end{pmatrix} = \begin{pmatrix} 1 + \frac{\dot{Z}\dot{Y}}{2} & \dot{Z}\left(1 + \frac{\dot{Z}\dot{Y}}{4}\right) \\ \dot{Y} & 1 + \frac{\dot{Z}\dot{Y}}{2} \end{pmatrix} \begin{pmatrix} \dot{E}_r \\ \dot{I}_r \end{pmatrix} \tag{5.9}$$

π 形等価回路

$$\begin{pmatrix} \dot{E}_s \\ \dot{I}_s \end{pmatrix} = \begin{pmatrix} 1 + \frac{\dot{Z}\dot{Y}}{2} & \dot{Z} \\ \dot{Y}\left(1 + \frac{\dot{Z}\dot{Y}}{4}\right) & 1 + \frac{\dot{Z}\dot{Y}}{2} \end{pmatrix} \begin{pmatrix} \dot{E}_r \\ \dot{I}_r \end{pmatrix} \tag{5.10}$$

ここで，$\dot{Z} = R + jX, \dot{Y} = j\omega C$ である．

長距離の送電線を模擬するときには，これをいくつかの中距離送電線に分割し，中距離送電線の四端子行列を縦列接続すればよい．実際の送電線特性の計算には π 形等価回路が多く用いられる．

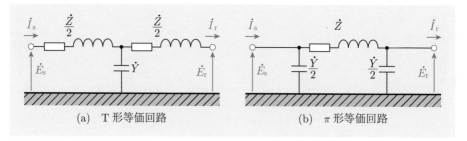

  (a) T 形等価回路   (b) π 形等価回路

図 5.3 中距離送電線の等価回路

例題 5.2

送電線距離 $100\,\mathrm{km}$ の $275\,\mathrm{kV}$ 三相送電線がある．送電線 1 条当たりの抵抗，リアクタンス，アドミタンスを $R = 3\,[\Omega]$, $X = 25\,[\Omega]$, $\dot{Y} = j\,0.3 \times 10^{-3}\,[\mathrm{S}]$ とする．(5.10) 式の π 形等価回路の四端子定数を求めよ．

【解答】 $\dot{Z} = 3 + j\,25$, $\dot{Y} = j\,0.3 \times 10^{-3}$ より

$$1 + \frac{\dot{Z}\dot{Y}}{2} \cong 0.996 + j\,0.450 \times 10^{-3}$$

$$\dot{Y}\left(1 + \frac{\dot{Z}\dot{Y}}{4}\right) \cong j\,0.3 \times 10^{-3}\,(0.998 + j\,0.225 \times 10^{-3})$$

$$= -0.0675 \times 10^{-6} + j\,0.299 \times 10^{-3}$$

よって，四端子定数は，

$$\begin{pmatrix} 0.996 + j\,0.450 \times 10^{-3} & 3 + j\,25 \\ -0.0675 \times 10^{-6} + j\,0.299 \times 10^{-3} & 0.996 + j\,0.450 \times 10^{-3} \end{pmatrix}$$

となる．なお，

$$\dot{Y}\left(1 + \frac{\dot{Z}\dot{Y}}{4}\right) \cong \dot{Y}$$

が成り立つことがわかる．

5.4　長距離送電線（数百 km 以上）

数百 km 以上の長距離送電線の特性を 1 つの式で厳密に表現することを考える．このとき，送電線亘長が $\frac{1}{4}$ 波長（1250 km ないし 1500 km）に近づくので，集中定数で表現することはできず，図 5.4 のような**分布定数線路**で計算を行う．

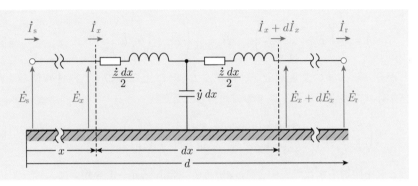

図 5.4　長距離送電線の分布定数線路モデル

r, l, c を均一な送電線の単位長当たりの抵抗，インダクタンス，対地静電容量とし

$$\dot{z} = r + j\omega l \tag{5.11}$$

$$\dot{y} = j\omega c \tag{5.12}$$

とする．ここで

$$\dot{Z} = \dot{z}d, \quad \dot{Y} = \dot{y}d, \quad R = rd, \quad L = ld, \quad C = cd$$

となる．

図 5.4 において，地点 x における微小区間 dx では以下の式が成り立つ．

$$-d\dot{E}_x = (\dot{z}\,dx)\dot{I}_x, \quad -d\dot{I}_x = (\dot{y}\,dx)\dot{E}_x \tag{5.13}$$

よって

$$\frac{d\dot{E}_x}{dx} = -\dot{z}\dot{I}_x, \quad \frac{d\dot{I}_x}{dx} = -\dot{y}\dot{E}_x \tag{5.14}$$

という微分方程式が成り立つ．(5.14) 式をもう一度微分し，整理すると

$$\frac{d^2\dot{E}_x}{dx^2} = \dot{z}\dot{y}\dot{E}_x, \quad \frac{d^2\dot{I}_x}{dx^2} = \dot{z}\dot{y}\dot{I}_x \tag{5.15}$$

となる．(5.15) 式を解くと

$$\dot{E}_x = \dot{A}e^{\sqrt{\dot{z}\dot{y}}\,x} + \dot{B}e^{-\sqrt{\dot{z}\dot{y}}\,x}$$

$$\dot{I}_x = -\frac{1}{\sqrt{\frac{\dot{z}}{\dot{y}}}}\dot{A}e^{\sqrt{\dot{z}\dot{y}}\,x} + \frac{1}{\sqrt{\frac{\dot{z}}{\dot{y}}}}\dot{B}e^{-\sqrt{\dot{z}\dot{y}}\,x} \tag{5.16}$$

となる．$x = 0$ の送電端で $\dot{E}_x = \dot{E}_{\mathrm{s}}$, $\dot{I}_x = \dot{I}_{\mathrm{s}}$ となる境界条件より

$$\dot{A} = \frac{1}{2}\left(\dot{E}_{\mathrm{s}} - \sqrt{\frac{\dot{z}}{\dot{y}}}\dot{I}_{\mathrm{s}}\right), \quad \dot{B} = \frac{1}{2}\left(\dot{E}_{\mathrm{s}} + \sqrt{\frac{\dot{z}}{\dot{y}}}\dot{I}_{\mathrm{s}}\right) \tag{5.17}$$

となり，$x = d$ の受電端で $\dot{E}_x = \dot{E}_{\mathrm{r}}$, $\dot{I}_x = \dot{I}_{\mathrm{r}}$ となるので，双曲線関数を用いて
(5.16) 式を整理すると，以下の式が得られる．

$$\begin{pmatrix} \dot{E}_{\mathrm{r}} \\ \dot{I}_{\mathrm{r}} \end{pmatrix} = \begin{pmatrix} \cosh\dot{\gamma}d & -\dot{Z}_{\mathrm{s}}\sinh\dot{\gamma}d \\ -\frac{1}{\dot{Z}_{\mathrm{s}}}\sinh\dot{\gamma}d & \cosh\dot{\gamma}d \end{pmatrix}\begin{pmatrix} \dot{E}_{\mathrm{s}} \\ \dot{I}_{\mathrm{s}} \end{pmatrix} \tag{5.18}$$

これを四端子定数で表すと，$\cosh^2\dot{\gamma}d - \sinh^2\dot{\gamma}d = 1$ を用いて

$$\begin{pmatrix} \dot{E}_{\mathrm{s}} \\ \dot{I}_{\mathrm{s}} \end{pmatrix} = \begin{pmatrix} \cosh\dot{\gamma}d & \dot{Z}_{\mathrm{s}}\sinh\dot{\gamma}d \\ \frac{1}{\dot{Z}_{\mathrm{s}}}\sinh\dot{\gamma}d & \cosh\dot{\gamma}d \end{pmatrix}\begin{pmatrix} \dot{E}_{\mathrm{r}} \\ \dot{I}_{\mathrm{r}} \end{pmatrix} \tag{5.19}$$

となる．ここで

$$\dot{Z}_{\mathrm{s}} = \sqrt{\frac{\dot{z}}{\dot{y}}} = \sqrt{\frac{r + j\omega l}{j\omega c}} \cong \sqrt{\frac{l}{c}} \quad (\text{ここで，} r = 0) \tag{5.20}$$

を**特性インピーダンス**あるいは**サージインピーダンス**といい，$[\Omega]$ の単位をもち，
抵抗 r を無視できるときは，ω に無関係な実数の定数となる．普通の架空送電線で
は $250 \sim 400\,\Omega$ である．ケーブルでは架空送電線と比べて，インピーダンスが約 $\frac{1}{4}$，
静電容量が約 50 倍になるので，これよりもかなり小さくなる．また，

$$\dot{\gamma} = \sqrt{\dot{z}\dot{y}} = \sqrt{(r + j\omega l)(j\omega c)} \cong j\omega\sqrt{lc} \tag{5.21}$$

を**伝播定数**といい，$[1/\mathrm{km}]$ の単位をもち，抵抗 r を無視できるときは純虚数となる．
　送電線抵抗を $r = 0$ と仮定すると，(5.19) 式は

$$\begin{pmatrix} \dot{E}_{\mathrm{s}} \\ \dot{I}_{\mathrm{s}} \end{pmatrix} = \begin{pmatrix} \cos\omega\sqrt{LC} & j\sqrt{\frac{L}{C}}\sin\omega\sqrt{LC} \\ j\sqrt{\frac{C}{L}}\sin\omega\sqrt{LC} & \cos\omega\sqrt{LC} \end{pmatrix}\begin{pmatrix} \dot{E}_{\mathrm{r}} \\ \dot{I}_{\mathrm{r}} \end{pmatrix} \tag{5.22}$$

となり，図 5.5 のような関係となる．長距離になると，L, C が大きくなるので，
$\cos\omega\sqrt{LC}$ が 1 より小さくなり，$\sin\omega\sqrt{LC}$ が $\omega\sqrt{LC}$ より小さくなる．

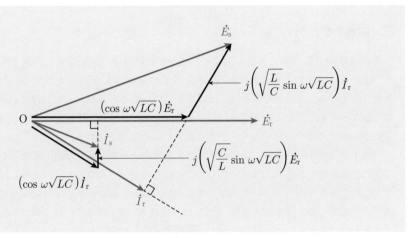

図 5.5 長距離送電線の電圧–電流特性

また，(5.19) 式の四端子行列は

$$\cosh \dot{\gamma}d = 1 + \frac{(\dot{\gamma}d)^2}{2!} + \frac{(\dot{\gamma}d)^4}{4!} + \cdots \tag{5.23}$$

$$\sinh \dot{\gamma}d = \dot{\gamma}d + \frac{(\dot{\gamma}d)^3}{3!} + \frac{(\dot{\gamma}d)^5}{5!} + \cdots \tag{5.24}$$

より，$(\dot{\gamma}d)^2$ の項まで考慮すると

$$\begin{pmatrix} 1 + \frac{(\dot{\gamma}d)^2}{2} & \dot{Z}_s\dot{\gamma}d \\ \frac{\dot{\gamma}d}{\dot{Z}_s} & 1 + \frac{(\dot{\gamma}d)^2}{2} \end{pmatrix} = \begin{pmatrix} 1 + \frac{\dot{Z}\dot{Y}}{2} & \dot{Z} \\ \dot{Y} & 1 + \frac{\dot{Z}\dot{Y}}{2} \end{pmatrix} \tag{5.25}$$

となり，中距離送電線の四端子行列の (5.9), (5.10) 式とほぼ同じものとなる．
　ただし，

$$(\dot{\gamma}d)^2 = \dot{z}d\dot{y}d = \dot{Z}\dot{Y} \tag{5.26}$$

$$\dot{Z}_s\dot{\gamma}d = \sqrt{\frac{\dot{z}}{\dot{y}}}\sqrt{\dot{z}\dot{y}}\,d = \dot{z}d = \dot{Z} \tag{5.27}$$

$$\frac{\dot{\gamma}d}{\dot{Z}_s} = \sqrt{\frac{\dot{y}}{\dot{z}}}\sqrt{\dot{z}\dot{y}}\,d = \dot{y}d = \dot{Y} \tag{5.28}$$

である．

🍵　四端子をどう読むか

　本章に登場する四端子を皆さんはどう読むであろうか．「したんし」派であろう
か，または「よんたんし」派であろうか．筆者の経験によると，「したんし」と読む
人と「よんたんし」と読む人とは，ほぼ半々か，むしろ「よんたんし」の方が多いか
もしれないと思っている．筆者は言語学者でないので，ズバリ正解を示すことはでき
ないが，下記の点から「したんし」をお勧めしたいと考えている．

　一端子，二端子，三端子，四端子，五端子，六端子を順に，ただし，四端子を除い
て読んでみると，多くの人は，いちたんし，にたんし，さんたんし，ごたんし，ろく
たんし，と読むであろう．いち，に，さん，ご，ろく，は，すべて「音読み」である
ので，ここでの整合性を考えると，「し」は「音読み」で，「よん」は「訓読み」であ
ることから「したんし」と読む方がよいとまず考えられる．ただ，語句の読みには例
外が多いので整合性だけでは納得しない人も多いかもしれない．

　手近にあった専門用語を扱う書物を調べてみると，(1) 電気学会／文部省編：学術
用語集「電気工学編」（増訂 2 版）（1991 年）では，四端子網の読みとして sitansimô
となっており，「し」の発音となっている，また，(2) 電気学会編：電気工学ハンド
ブック（第 7 版）（2013 年）では，索引において「し」の欄に四端子はあるが，「よ」
の欄にはない，ということがわかった．

　まさにコーヒーブレイクの折にでも，周りの方とちょっと議論してもらえる話題と
なれば幸いである．

5 章の問題

□ **1**　受電端力率が悪いほど (5.4) 式の電圧降下率が大きくなる理由を述べよ.

□ **2**　図 5.2 の等価回路で表される三相 3 線式 1 回線の高圧配電系統がある. 送電端の線間電圧 $6.93\,\mathrm{kV}$, 配電線 1 線当たりの抵抗 $R = 5\,[\Omega]$, リアクタンス $X = 7\,[\Omega]$, 受電端に接続される負荷を抵抗負荷とする. 負荷電流が $50\,\mathrm{A}$ のときの受電端の線間電圧を求めよ. また, 受電端において線路の電圧降下率が $10\,\%$ となる負荷電流を求めよ.

□ **3**　(5.9), (5.10) 式の T 形等価回路, π 形等価回路の四端子定数 $\dot{A},\ \dot{B},\ \dot{C},\ \dot{D}$ を導け.

□ **4**　四端子定数 $\begin{pmatrix} \dot{A_1} & \dot{B_1} \\ \dot{C_1} & \dot{D_1} \end{pmatrix}$, $\begin{pmatrix} \dot{A_2} & \dot{B_2} \\ \dot{C_2} & \dot{D_2} \end{pmatrix}$ で表される 2 つの回路が並列接続されているときの合成四端子定数 $\begin{pmatrix} \dot{A} & \dot{B} \\ \dot{C} & \dot{D} \end{pmatrix}$ を求めよ.

□ **5**　電線 1 条当たりのインダクタンス $1.6\,\mathrm{mH/km}$, 作用静電容量 $0.01\,\mu\mathrm{F/km}$ の $100\,\mathrm{km}$ 三相 2 回線送電線がある. 抵抗, 漏れコンダクタンスは無視する. 送電線は T 形等価回路で表されるものとする. 周波数は $50\,\mathrm{Hz}$ とする.

(1)　送電線の四端子定数を求めよ.

(2)　受電端開放の場合, 受電端の線間電圧の大きさが $275\,\mathrm{kV}$ のとき, 送電端線間電圧の大きさを求めよ. また, 送電端から供給される無効電力を求めよ. ただし, 遅れ無効電力を正とする.

（平成 28 年度電気主任技術者試験第 1 種電力・管理　問 2 より作成）

□ **6**　(5.19) 式において, $\dot{\gamma}d$ が非常に小さく, $\dot{\gamma}d$ の 2 乗項以降が零となるとき, 四端子行列を求めよ.

□ **7**　$500\,\mathrm{kV}$ 送電線において, $r = 0\,[\Omega]$, $l = 0.86\,[\mathrm{mH/km}]$, $c = 12.3 \times 10^{-3}\,[\mu\mathrm{F/km}]$, $d = 100\,[\mathrm{km}]$ のとき, (5.22) 式の特性インピーダンスと伝搬定数の絶対値 $\omega\sqrt{LC}$（単位は $[\mathrm{rad/100\,km}]$ と $[\mathrm{deg/100\,km}]$ の両方）を求めよ.

6 単 位 法

　電圧，電流，電力，インピーダンスなどの物理量を基準量の倍数で表す単位法について学ぶ．単位法を用いると，電力システム内に多数存在する理想変圧器を省略することができ，電力回路計算が簡略化されることを説明する．

6章で学ぶ概念・キーワード
- 単位法
- 正規化
- 単位法による変圧器
- 単位法による三相電力

6.1 単位法とは

電力系統には，図 6.1 に示すように昇降圧用に変圧器が多く含まれており，1000 kV から 100 V までの複数の電圧レベルが存在し，電力回路計算が非常に煩雑になる．例えば図 6.2 では，巻き数比 1：2 の変圧器の二次側の抵抗 40 Ω が一次側から見ると 10 Ω に見えることになり，一次側と二次側でインピーダンスの値が変わり計算上不便である．そのため電力系統の電力回路計算では，系統内のある地点における電圧，電流，皮相電力（以降，容量と呼ぶ）などの値を基準として，電圧，電流，容量やインピーダンスの大きさを無次元化する．図 6.2 の場合，変圧器一次側の基準電圧を 100 kV，基準電流を 5 kA とすると，一次側の基準インピーダンスは $\frac{100\,[\mathrm{kV}]}{5\,[\mathrm{kA}]} = 20\,[\Omega]$，基準容量は 500 MV·A となる．二次側では，巻き数比 1：2 を考慮して，基準電圧 200 kV，基準電流 2.5 kA とすると，基準インピーダンスは 80 Ω，基準容量 500 MV·A となる．この基準量によって一次側，二次側それぞれの電圧，電流，容量，インピーダンスを正規化すると，図 6.3 に示すように一次側・二次側の間で値がすべて同じになり，回路において巻き数比 1：2 の変圧器を考える必要がなくなる．このように電気量を基準量で正規化して表すことを**単位法**といい，単位に [p.u.]（per unit の略）を用いる．

電圧，電流，容量，インピーダンスのうち，2 つの変数の基準量を決めると残りの 2 つの変数の基準量は決まる．基準量はどのようにとってもよいが，通常は電圧の p.u. 値が 1.0 p.u. 付近となるようにするので，送電線や機器の定格電圧を基準電圧とする．もう 1 つの基準量は，系統容量とすることが多い．この場合，基準容量は系統全体のどこでも同じ値とする．また個々の機器のインピーダンスの p.u. 値はその機器の定格を基準量として決められている．この機器を系統に接続する際には，この p.u. 値をその機器が接続される系統の基準量で表した p.u. 値に変換する必要がある．その変換式を以下に示す．

$$Z^*_{\mathrm{new}} = Z^*_{\mathrm{old}} \left(\frac{V_{\mathrm{old}}}{V_{\mathrm{new}}} \right)^2 \left(\frac{S_{\mathrm{new}}}{S_{\mathrm{old}}} \right) \tag{6.1}$$

ただし，Z^*_{new} は新しい基準におけるインピーダンスの p.u. 値，Z^*_{old} は変更前の基準での p.u. 値である．また，V_{new}，S_{new} は新しい基準電圧，基準容量，V_{old}，S_{old} は変更前の基準電圧，基準容量である．

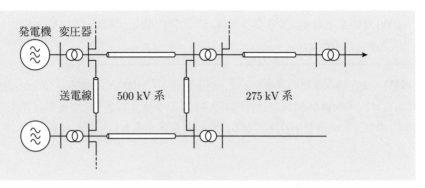

図 6.1　電力系統

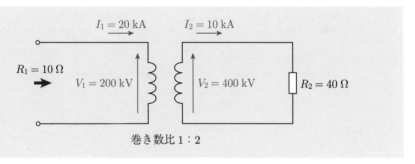

図 6.2　変圧器回路（単位法化前）

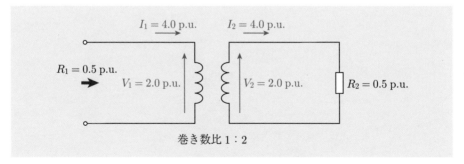

図 6.3　変圧器回路（単位法化後）

例題 6.1

　図 6.2 において，単位法の変圧器一次側の基準電圧を 200 kV，基準容量を 1000 MV·A とおく．変圧器一次側，二次側の電圧，電流，インピーダンスの値を単位法で示せ．

【解答】　変圧器二次側の基準電圧は，巻き数比から 400 kV となる．したがって，基準電流は，一次側が 5 kA，二次側が 2.5 kA となり，基準インピーダンスは，一次側が 40 Ω，二次側が 160 Ω となる．この基準量をもとに単位法で表すと下図のようになる．

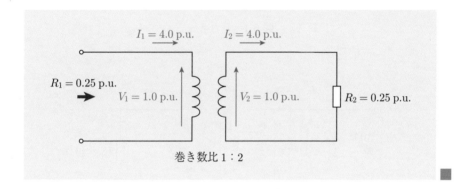

6.2 変圧器の単位法等価回路

　実際の変圧器の等価回路は，図 6.4 になる．回路計算では，励磁回路のアドミタンス，巻き線抵抗はともに小さいので無視する．したがって，等価回路は図 6.5 に示すように漏れリアクタンスのみになり，それを一次側または二次側に換算した場合の等価回路は，それぞれ図 6.6(a), (b) になる．これを，一次側または二次側のインピーダンス基準を用いてそれぞれを単位法で表すと，図 6.7 となり同じ等価回路となることがわかる．電力用変圧器の代表的インピーダンス値（巻線抵抗と漏れリアクタンスから計算されたインピーダンスの定格容量ベースの p.u. 値）を表 6.1 に示す．

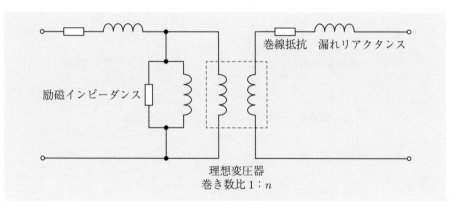

図 6.4 変圧器等価回路

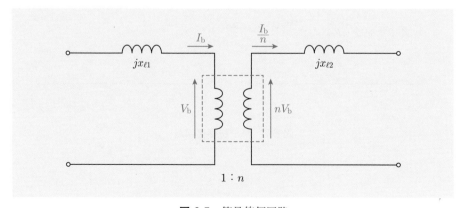

図 6.5 簡易等価回路

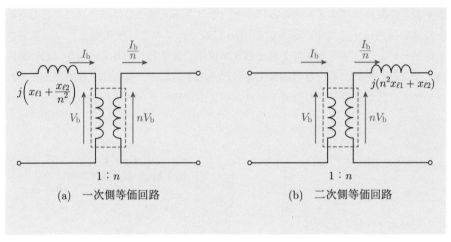

図 6.6 一次側等価回路，二次側等価回路

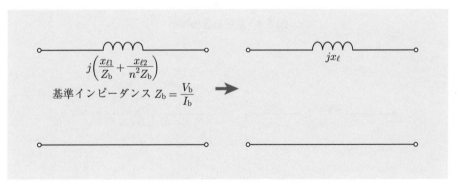

図 6.7 単位法等価回路

表 6.1 電力用変圧器の代表的インピーダンス値

定格二次電圧 [kV]	定格容量 [MV·A]	インピーダンス値 [p.u.]
66, 77	100	0.11, 0.14
	200	0.11, 0.12, 0.15, 0.16
	300	0.18, 0.22
187, 154	300	0.14, 0.18
	450	0.14, 0.18, 0.22
	750	0.23
220, 275	1000	0.14, 0.16
	1500	0.14, 0.16

（電気工学ハンドブック（第 7 版）（電気学会編，オーム社）より作成）

── 例題 6.2 ──

変圧器（定格二次電圧 275 kV，定格容量 1000 MV·A，三相）の漏れインピーダンスが 0.15 p.u. であった．基準を 154 kV, 300 MV·A に変更したときのインピーダンス [p.u.] を求めよ．

【解答】

$$Z_{\text{new}}^{*} = 0.15 \left(\frac{275 \,[\text{kV}]}{154 \,[\text{kV}]} \right)^2 \left(\frac{300 \,[\text{MV·A}]}{1000 \,[\text{MV·A}]} \right)$$

$$= 0.15 \times 3.19 \times 0.3$$

$$= 0.143 \,[\text{p.u.}]$$

6.3 三相電力方程式の単位法表現

三相送電系統では，電圧は，相電圧ではなく線間電圧で表示することが一般的であるので，送電線を介して受電端に流れ込む三相複素電力（以降，遅れ無効電力を正とする）を受電端の線間電圧 $\dot{V}_{\mathrm{r}}$ と線電流 $\dot{I}_{\mathrm{r}}$ で表すと

$$P_{\mathrm{r}} + jQ_{\mathrm{r}} = \sqrt{3}\,\dot{V}_{\mathrm{r}}\,\bar{\dot{I}}_{\mathrm{r}} \tag{6.2}$$

となり，基準線間電圧 V_{N}，基準線電流 I_{N}，基準三相容量 S_{N} の間の関係を

$$S_{\mathrm{N}} = \sqrt{3}\,V_{\mathrm{N}}\,I_{\mathrm{N}} \tag{6.3}$$

とおくと

$$\frac{P_{\mathrm{r}} + jQ_{\mathrm{r}}}{S_{\mathrm{N}}} = \frac{\dot{V}_{\mathrm{r}}}{V_{\mathrm{N}}}\,\frac{\bar{\dot{I}}_{\mathrm{r}}}{I_{\mathrm{N}}} \tag{6.4}$$

となる．ここで，複素変数の上に付ける ¯（バー）は複素共役を示す．したがって，単位法による式

$$P_{\mathrm{r}}^{*} + jQ_{\mathrm{r}}^{*} = \dot{V}_{\mathrm{r}}^{*}\,\bar{\dot{I}}_{\mathrm{r}}^{*} \tag{6.5}$$

が得られ，6.1 節で述べた単相回路表現と同じ形になる．ただし，変数の上添字 $*$ は単位法表現を示すものとする．

また，三相複素電力を送電線のインピーダンス $\dot{Z}$，送受電端の電圧 $\dot{V}_{\mathrm{s}}$, $\dot{V}_{\mathrm{r}}$ を用いて表現すると

$$P_{\mathrm{r}} + jQ_{\mathrm{r}} = \sqrt{3}\,\dot{V}_{\mathrm{r}}\,\bar{\dot{I}}_{\mathrm{r}} = \sqrt{3}\,\dot{V}_{\mathrm{r}}\,\frac{\dfrac{\bar{\dot{V}}_{\mathrm{s}}}{\sqrt{3}} - \dfrac{\bar{\dot{V}}_{\mathrm{r}}}{\sqrt{3}}}{\bar{\dot{Z}}} = \dot{V}_{\mathrm{r}}\left(\frac{\bar{\dot{V}}_{\mathrm{s}} - \bar{\dot{V}}_{\mathrm{r}}}{\bar{\dot{Z}}}\right) \tag{6.6}$$

となり，(6.3) 式を用いると

$$\frac{P_{\mathrm{r}} + jQ_{\mathrm{r}}}{S_{\mathrm{N}}} = \frac{\dot{V}_{\mathrm{r}}}{V_{\mathrm{N}}}\left(\frac{\bar{\dot{V}}_{\mathrm{s}} - \bar{\dot{V}}_{\mathrm{r}}}{\sqrt{3}\,I_{\mathrm{N}}\,\bar{\dot{Z}}}\right) = \frac{\dot{V}_{\mathrm{r}}}{V_{\mathrm{N}}}\left(\frac{\dfrac{\bar{\dot{V}}_{\mathrm{s}} - \bar{\dot{V}}_{\mathrm{r}}}{V_{\mathrm{N}}}}{\dfrac{\sqrt{3}\,I_{\mathrm{N}}\,\bar{\dot{Z}}}{V_{\mathrm{N}}}}\right) = \frac{\dot{V}_{\mathrm{r}}}{V_{\mathrm{N}}}\left(\frac{\dfrac{\bar{\dot{V}}_{\mathrm{s}} - \bar{\dot{V}}_{\mathrm{r}}}{V_{\mathrm{N}}}}{\dfrac{\bar{\dot{Z}}}{\dfrac{V_{\mathrm{N}}}{\sqrt{3}\,I_{\mathrm{N}}}}}\right) \tag{6.7}$$

となり，基準インピーダンスを $Z_{\mathrm{N}} = \dfrac{V_{\mathrm{N}}}{\sqrt{3}\,I_{\mathrm{N}}} = \dfrac{V_{\mathrm{N}}^{2}}{S_{\mathrm{N}}}$，基準アドミタンスを $Y_{\mathrm{N}} = \dfrac{1}{Z_{\mathrm{N}}}$ とおくと，単位法による式

$$P_{\mathrm{r}}^{*} + jQ_{\mathrm{r}}^{*} = \dot{V}_{\mathrm{r}}^{*}\left(\frac{\bar{\dot{V}}_{\mathrm{s}}^{*} - \bar{\dot{V}}_{\mathrm{r}}^{*}}{\bar{\dot{Z}}^{*}}\right) = \dot{V}_{\mathrm{r}}^{*}\,\bar{\dot{Y}}^{*}\left(\bar{\dot{V}}_{\mathrm{s}}^{*} - \bar{\dot{V}}_{\mathrm{r}}^{*}\right) \tag{6.8}$$

が得られる．ただし，$\dot{Y}^{*} = \dfrac{1}{\dot{Z}^{*}}$ である．

┌─ 例題 6.3 ─

下図のような $500\,\mathrm{kV}$ の $100\,\mathrm{km}$ 三相送電線を考える．抵抗分は無視し，リアクタンス X のみを考慮し，$X = 25\,[\Omega]$ である．受電端電圧の大きさは $500\,\mathrm{kV}$，位相は基準にとり零とする．負荷は $P_\mathrm{r} + jQ_\mathrm{r} = 1000\,[\mathrm{MW}] + j\,500\,[\mathrm{MV \cdot A}]$ である．単位法の基準容量 S_N を $1000\,\mathrm{MV \cdot A}$，基準電圧 V_N を $500\,\mathrm{kV}$ とする．以下の問 (2), (3) は，単位法で答えよ．

(1) 基準電流 I_N，基準インピーダンス Z_N を求めよ．

(2) 電流 $\dot{I}$ を求めよ．

(3) 送電線リアクタンス X，送電端電圧 $\dot{V}_\mathrm{s}$ を求めよ．

【解答】 (1) (6.3) 式より

$$I_\mathrm{N} = \frac{S_\mathrm{N}}{\sqrt{3}\,V_\mathrm{N}} = \frac{1000\,[\mathrm{MV \cdot A}]}{\sqrt{3} \times 500\,[\mathrm{kV}]} = \frac{2}{\sqrt{3}}\,[\mathrm{kA}]$$

$$Z_\mathrm{N} = \frac{V_\mathrm{N}}{\sqrt{3}\,I_\mathrm{N}} = \frac{500\,[\mathrm{kV}]}{\sqrt{3} \times \dfrac{2}{\sqrt{3}}\,[\mathrm{kA}]} = 250\,[\Omega]$$

(2) 単位法化した負荷は $P_\mathrm{r} + jQ_\mathrm{r} = 1 + j\,0.5$，受電端電圧は $\dot{V}_\mathrm{r} = 1.0 + j\,0.0$ (6.5) 式より

$$\bar{I} = \frac{P_\mathrm{r} + jQ_\mathrm{r}}{\dot{V}_\mathrm{r}} = \frac{1 + j\,0.5}{1.0 + j\,0.0} = 1 + j\,0.5$$

$$\therefore\ \dot{I} = 1 - j\,0.5\,[\mathrm{p.u.}]$$

(3) 単位法化したリアクタンスは $X = \frac{25}{250} = 0.1\,[\mathrm{p.u.}]$

$$\dot{V}_\mathrm{s} = \dot{V}_\mathrm{r} + jX\dot{I}$$
$$= 1.0 + j\,0.0 + j\,0.1 \times (1 - j\,0.5)$$
$$= 1.05 + j\,0.1\,[\mathrm{p.u.}]$$

6章の問題

□**1**　(6.1) 式を導け.

□**2**　図に示す一次側が 154 kV，二次側が 77 kV の変圧器 3 台が並列接続された変電所において，基準容量を 100 MV·A としたときの変電所一次側・二次側間の等価リアクタンスを求めよ．各変圧器のリアクタンスの p.u. 値は，図に示すように自己容量基準で表されており，抵抗分は無視できるものとする.

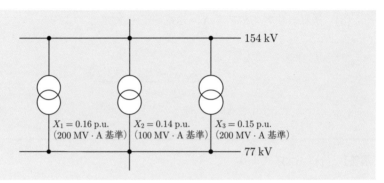

（平成 29 年度電気主任技術者試験第 2 種電力・管理 問 3 より作成）

□**3**　図の三次巻線付き三相変圧器において，変圧器の各端子間の自己容量基準のリアクタンスは以下の通りである．抵抗分は無視できるものとする．図に示す変圧器の一次，二次，三次巻線のリアクタンスの p.u. 値を，それぞれ 200 MV·A 基準で求めよ.

　　一次・二次間　：　0.15 p.u.　（200 MV·A 基準）

　　一次・三次間　：　0.08 p.u.　（200 MV·A 基準）

　　二次・三次間　：　0.02 p.u.　（50 MV·A 基準）

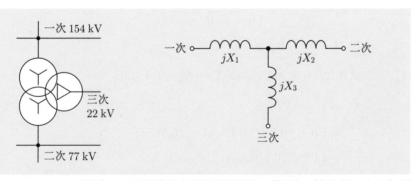

（平成 26 年度電気主任技術者試験第 2 種電力・管理 問 2 より作成）

□**4**　定格 500 kV, 1000 MV·A でリアクタンスが 30 Ω の無損失送電線を考える．その定格電圧，定格容量を単位法の基準 V_N, S_N とする．送電端電圧が 510 kV，受電端電圧が 500 kV，受電端電力が 900 [MW] + j 120 [MV·A] であったとすると，送電線リアクタンス，送電端電圧，受電端電圧，受電端有効電力・無効電力，送電線電流を単位法で求めよ．ただし，送電線電流の計算には，$E_s \cong E_r + I(R\cos\phi_r + X\sin\phi_r)$ を用いてよい．

□**5**　図の配電系統において，a 点における三相短絡電流を次の問にしたがって求めよ．三相短絡電流は，単位法では，すべての電源設備の内部電圧を定格電圧 1.0 p.u. とみなして短絡地点に流れ込む電流の総和となる．なお，各設備のインピーダンス %Z の値は図の中に示す．特に断りのない場合は，10 MV·A 基準である．抵抗分はすべて無視するものとする．

(1)　連系されている 2 つの交流発電設備の %Z（10 MV·A 基準）を求めよ．
(2)　a 点から見た三相短絡インピーダンス %Z（10 MV·A 基準）を求めよ．
(3)　a 点の三相短絡電流の値を求めよ．

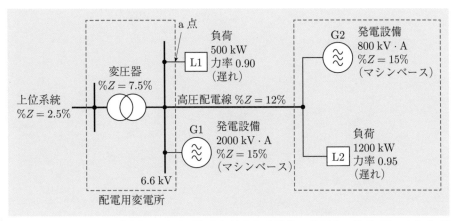

（平成 24 年度電気主任技術者試験第 2 種電力・管理　問 4 より作成）

7 円 線 図

　送電線の送電端，受電端の電圧値が一定であれば，それぞれの端子に流れる有効電力と無効電力の関係は円の方程式になることを学ぶ．この送電端と受電端の円線図は，送電線の対地静電容量や端子に接続されるコンデンサにより供給される遅れ無効電力により，接近することを説明する．また，受電端の電圧値を一定に保つには，受電端での無効電力の不均衡を補償することが必要なことを，その電圧制御機器とあわせて説明する．

7章で学ぶ概念・キーワード
- 円線図
- 調相
- フェランチ効果
- 自己励磁現象

7.1　送電端円線図

図 7.1 のような抵抗 r とリアクタンス X で構成される送電線での送受電端の有効電力・無効電力を考える．送電端と受電端での対地静電容量はここでは無視し，後ほど考慮する．また，

$$R + jX = Ze^{j\alpha} \tag{7.1}$$

とし，受電端電圧 $\dot{E}_r$ の位相を零，送電端電圧 $\dot{E}_s$ の位相を δ（$0 \leq \delta \leq \pi - \alpha$）とする．以降では，変数は単位法で表現されているものとする．

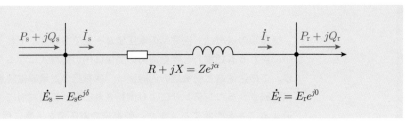

図 7.1　送電線（送電線の対地静電容量を無視）

送電端に流れ込む有効電力 P_s と無効電力 Q_s は，次のように求められる．

$$
\begin{aligned}
P_s + jQ_s &= \dot{E}_s \overline{\dot{I}_s} = \dot{E}_s \frac{\overline{\dot{E}_s - \dot{E}_r}}{\overline{\dot{Z}}} = \frac{E_s^2 - E_s e^{j\delta} E_r}{Z e^{-j\alpha}} = \frac{E_s^2}{Z} e^{j\alpha} - \frac{E_s E_r}{Z} e^{j(\delta + \alpha)} \\
&= \frac{E_s^2}{Z} \cos\alpha - \frac{E_s E_r}{Z} \cos(\delta + \alpha) \\
&\quad + j\left(\frac{E_s^2}{Z} \sin\alpha - \frac{E_s E_r}{Z} \sin(\delta + \alpha) \right)
\end{aligned} \tag{7.2}
$$

(7.2) 式において，$\beta = \frac{\pi}{2} - \alpha$ とすると

$$P_s = \frac{E_s^2}{Z} \sin\beta + \frac{E_s E_r}{Z} \sin(\delta - \beta) \tag{7.3}$$

$$Q_s = \frac{E_s^2}{Z} \cos\beta - \frac{E_s E_r}{Z} \cos(\delta - \beta) \tag{7.4}$$

となる．(7.3) 式と (7.4) 式より，送受電端の電圧位相差 δ を消去すると

$$\left(P_s - \frac{E_s^2}{Z} \sin\beta \right)^2 + \left(Q_s - \frac{E_s^2}{Z} \cos\beta \right)^2 = \left(\frac{E_s E_r}{Z} \right)^2 \tag{7.5}$$

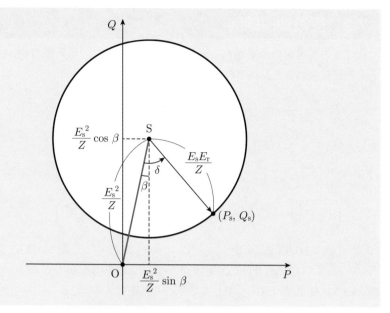

図 7.2 送電端円線図 $(E_{\mathrm{s}} > E_{\mathrm{r}})$

となり，これは図 7.2 に示すように，P–Q 平面において，中心が $\left(\frac{E_{\mathrm{s}}^2}{Z} \sin \beta, \frac{E_{\mathrm{s}}^2}{Z} \cos \beta \right)$ で，半径が $\frac{E_{\mathrm{s}} E_{\mathrm{r}}}{Z}$ の円を示しており，**送電端円線図**という．

(7.5) 式から以下のことが言える．

(1) E_{s} が一定ならば，円の中心 S は定点になる．また，$\overline{\mathrm{OS}} = \frac{E_{\mathrm{s}}^2}{Z}$ となる．

(2) E_{s}, E_{r} が一定ならば，円の半径は一定となる．

(3) E_{s}, E_{r} が一定で，δ が与えられると，$(P_{\mathrm{s}}, Q_{\mathrm{s}})$ が求まる．

(4) E_{s}, E_{r} が一定で，P_{s} が与えられると，(Q_{s}, δ) が求まる．

(5) E_{s}, E_{r} が一定で，$\delta = \frac{\pi}{2} + \beta$ のとき，P_{s} は最大値 $\frac{E_{\mathrm{s}}^2}{Z} \sin \beta + \frac{E_{\mathrm{s}} E_{\mathrm{r}}}{Z}$ をとる．

送電線が無損失 $(R = 0)$，つまり $\beta = 0$, $Z = X$ の場合

$$P_{\mathrm{s}} = \frac{E_{\mathrm{s}} E_{\mathrm{r}}}{X} \sin \delta \tag{7.6}$$

$$Q_{\mathrm{s}} = -\frac{E_{\mathrm{s}} E_{\mathrm{r}}}{X} \cos \delta + \frac{E_{\mathrm{s}}^2}{X} \tag{7.7}$$

となり，$\delta = \frac{\pi}{2}$ のとき，P_{s} は最大となる．

7.2 受電端円線図

　図 7.1 の送電線の受電端から流れ出る有効電力 P_r と無効電力 Q_r を送電端の場合と同様に求めると，以下のようになる．

$$P_r = -\frac{E_r^2}{Z}\sin\beta + \frac{E_s E_r}{Z}\sin(\delta+\beta) \tag{7.8}$$

$$Q_r = -\frac{E_r^2}{Z}\cos\beta + \frac{E_s E_r}{Z}\cos(\delta+\beta) \tag{7.9}$$

(7.8) 式と (7.9) 式より，送受電端の電圧位相差 δ を消去すると

$$\left(P_r + \frac{E_r^2}{Z}\sin\beta\right)^2 + \left(Q_r + \frac{E_r^2}{Z}\cos\beta\right)^2 = \left(\frac{E_s E_r}{Z}\right)^2 \tag{7.10}$$

となり，これは図 7.3 に示すように，P–Q 平面において，中心が $\left(-\frac{E_r^2}{Z}\sin\beta, -\frac{E_r^2}{Z}\cos\beta\right)$ で，半径が $\frac{E_s E_r}{Z}$ である円を示しており，**受電端円線図**という．受電端円線図に関して以下のことが言える．

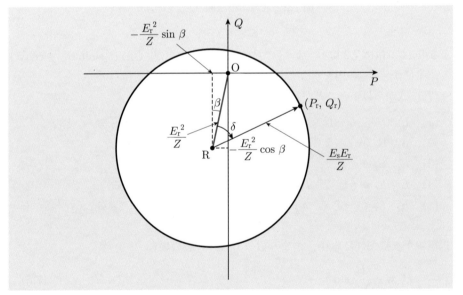

図 7.3 受電端円線図（$E_s > E_r$）

(1) E_r が一定ならば，円の中心 R は定点になる．また，$\overline{\mathrm{OR}} = \frac{E_r^2}{Z}$ となる．

(2) E_s, E_r が一定ならば，円の半径は一定となる．

(3) E_s, E_r が一定で，δ が与えられると，(P_r, Q_r) が求まる．

(4) E_s, E_r が一定で，P_r が与えられると，(Q_r, δ) が求まる．

(5) E_s, E_r が一定で，$\delta = \frac{\pi}{2} - \beta$ のとき，P_r は最大値 $-\frac{E_r^2}{Z}\sin\beta + \frac{E_s E_r}{Z}$ を とる．

送電線が無損失（$R = 0$），つまり $\beta = 0$, $Z = X$ の場合

$$P_r = \frac{E_s E_r}{X}\sin\delta \tag{7.11}$$

$$Q_r = \frac{E_s E_r}{X}\cos\delta - \frac{E_r^2}{X} \tag{7.12}$$

となり，$\delta = \frac{\pi}{2}$ のとき，P_r は最大となる．

☕ 円線図による視覚的理解

計算機の発達により，送電網の定常時の電力伝送特性が，数値計算により簡単に求めることができるので，円線図は実用上用いられないが，送電線単体の電力伝送特性を視覚的に理解するには円線図は非常に有益である．送電線の抵抗分により円がわずかに左右上下に移動し，送電線のインダクタンス分により円の半径が大きく変化し，対地キャパシタンス分により円が上下に移動する．そして，送受電端間の位相差により動作点が円周上を移動することなどが視覚的に理解できる．円線図は，本ライブラリの「電気機器学基礎」の誘導機 6.6 節においても，誘導機のすべりに対する 1 次側，2 次側電流のベクトル軌跡として現れる．本書では，円の方程式を求めてわかりやすく説明しているが，昔の教科書では，送電線の四端子定数を用いて複素電力のベクトル軌跡から説明しているものもある．興味のある方はそれも勉強してみてはいかがでしょうか．

7.3 送受電端円線図

図 7.2 の送電端円線図と図 7.3 の受電端円線図を同じ P–Q 平面上に描くと，図 7.4 となり，次の特性をもつ．

(1) 2 つの円の中心 S と R，原点 O は一直線上に並ぶ．

(2) $E_\mathrm{s} = E_\mathrm{r}$ の場合のみ 2 つの円は接し，$E_\mathrm{s} \neq E_\mathrm{r}$ の場合は，交わることはない．

(3) 常に $P_\mathrm{s} > P_\mathrm{r}$，$P_\mathrm{s} - P_\mathrm{r} = I^2 R$（$> 0$）となり，これは送電線損失である．

(4) 送電線に対地静電容量を考慮しない場合は，常に $Q_\mathrm{s} > Q_\mathrm{r}$，$Q_\mathrm{s} - Q_\mathrm{r} = I^2 X$（$> 0$）となり，これを送電線の**無効電力損失**という．

次に，図 7.5 に示すように，送電端と受電端に送電線の対地静電容量を考慮し，受電端に電力用コンデンサを接続する．このとき，送電端，受電端の対地静電容量

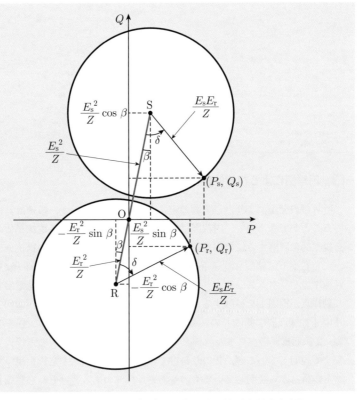

図 7.4 送受電端円線図（$E_\mathrm{s} > E_\mathrm{r}$）（送電線の対地静電容量を無視）

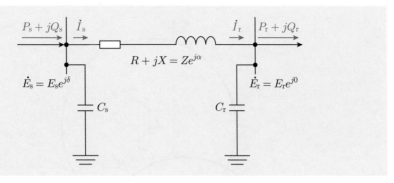

図 7.5 送電線（対地静電容量を考慮）

がそれぞれ $C_\mathrm{s}, C_\mathrm{r}\ (C_\mathrm{s} < C_\mathrm{r})$ になるものとする.

大地から対地静電容量 C を通して電圧値 E の端子に供給される遅れの無効電力 Q は $Q = \omega C E^2$ となるので，送電端，受電端の有効電力，無効電力は次式になる.

$$P_\mathrm{s} = \frac{E_\mathrm{s}^2}{Z} \sin \beta + \frac{E_\mathrm{s} E_\mathrm{r}}{Z} \sin (\delta - \beta) \tag{7.13}$$

$$Q_\mathrm{s} = \frac{E_\mathrm{s}^2}{Z} \cos \beta - \frac{E_\mathrm{s} E_\mathrm{r}}{Z} \cos (\delta - \beta) - \omega C_\mathrm{s} E_\mathrm{s}^2 \tag{7.14}$$

$$P_\mathrm{r} = -\frac{E_\mathrm{r}^2}{Z} \sin \beta + \frac{E_\mathrm{s} E_\mathrm{r}}{Z} \sin (\delta + \beta) \tag{7.15}$$

$$Q_\mathrm{r} = -\frac{E_\mathrm{r}^2}{Z} \cos \beta + \frac{E_\mathrm{s} E_\mathrm{r}}{Z} \cos (\delta + \beta) + \omega C_\mathrm{r} E_\mathrm{r}^2 \tag{7.16}$$

したがって，円線図の式は，

$$\left(P_\mathrm{s} - \frac{E_\mathrm{s}^2}{Z} \sin \beta \right)^2 + \left(Q_\mathrm{s} - \frac{E_\mathrm{s}^2}{Z} \cos \beta + \omega C_\mathrm{s} E_\mathrm{s}^2 \right)^2 = \left(\frac{E_\mathrm{s} E_\mathrm{r}}{Z} \right)^2 \tag{7.17}$$

$$\left(P_\mathrm{r} + \frac{E_\mathrm{r}^2}{Z} \sin \beta \right)^2 + \left(Q_\mathrm{r} + \frac{E_\mathrm{r}^2}{Z} \cos \beta - \omega C_\mathrm{r} E_\mathrm{r}^2 \right)^2 = \left(\frac{E_\mathrm{s} E_\mathrm{r}}{Z} \right)^2 \tag{7.18}$$

となり，送電端円線図の中心 S は $\left(\frac{E_\mathrm{s}^2}{Z} \sin \beta, \frac{E_\mathrm{s}^2}{Z} \cos \beta - \omega C_\mathrm{s} E_\mathrm{s}^2 \right)$，受電端円線図の中心 R は $\left(-\frac{E_\mathrm{r}^2}{Z} \sin \beta, -\frac{E_\mathrm{r}^2}{Z} \cos \beta + \omega C_\mathrm{r} E_\mathrm{r}^2 \right)$ となる. これは，図 7.6 に示すように，送電端円線図が Q 軸に沿って下方向に $\omega C_\mathrm{s} E_\mathrm{s}^2$，受電端円線図が上方向に $\omega C_\mathrm{r} E_\mathrm{r}^2$ だけ移動することを意味している. したがって，2 つの円線図は，交わることが可能になり，必ずしも $Q_\mathrm{s} > Q_\mathrm{r}\ (Q_\mathrm{s} - Q_\mathrm{r} > 0)$ が成立しなくなることに注意を要する.

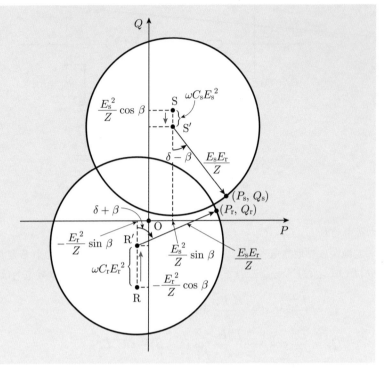

図 7.6 送受電端円線図（$E_s > E_r$）（対地静電容量を考慮）

例題 7.1

　送電線距離 100 km の 500 kV 三相送電線がある．図 7.5 の等価回路の送電線 1 条当たりの抵抗，リアクタンス，アドミタンスを $R = 5\,[\Omega]$, $X = 25\,[\Omega]$, $Y = 4.0 \times 10^{-3}\,[\mathrm{S}]$ とする．送電端，受電端の電圧の大きさを 500 kV として，送受電端円線図を描け．ただし，単位法の基準容量を 1000 MV·A，基準電圧を 500 kV とせよ．

【解答】 基準インピーダンスは $Z_N = \dfrac{V_N^2}{S_N} = 250\,[\Omega]$ なので，

$$R = 0.02\,[\mathrm{p.u.}], \quad X = 0.1\,[\mathrm{p.u.}], \quad Y = 1.0\,[\mathrm{p.u.}]$$

となり

$$Z = \sqrt{R^2 + X^2} = \sqrt{0.02^2 + 0.1^2} \cong 0.102\,[\mathrm{p.u.}]$$

$$\sin \beta = \frac{R}{Z} = \frac{1}{5.1}, \quad \cos \beta = \frac{X}{Z} = \frac{5}{5.1}$$

$E_s = E_r = 1.0$ であるので

$$\frac{E_s^2}{Z} = \frac{E_r^2}{Z} = \frac{E_s E_r}{Z} = \frac{1}{0.102} \cong 9.80$$

$$\frac{E_s^2}{Z} \sin \beta = \frac{E_r^2}{Z} \sin \beta = 9.80 \times \frac{1}{5.1} \cong 1.92$$

$$\frac{E_s^2}{Z} \cos \beta = \frac{E_r^2}{Z} \cos \beta = 9.80 \times \frac{5}{5.1} \cong 9.61$$

$$\omega C_s E_s^2 = \omega C_r E_r^2 = Y = 1.0$$

よって，下図が得られる．

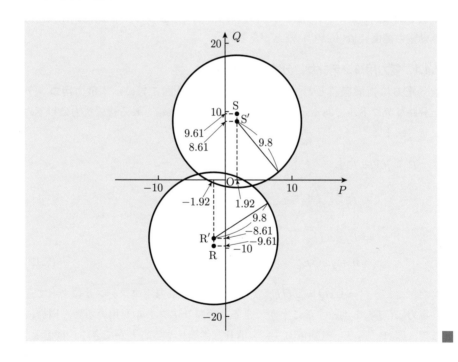

7.4 調 相

図 7.4 や図 7.6 の送受電端円線図を見ると，送・受電端電圧値 E_s, E_r が一定で，$\delta + \beta \leq \frac{\pi}{2}$ という仮定のもとに，送・受電端の有効電力，無効電力 P_s, Q_s, P_r, Q_r のうち 1 つを与えるとほかの 3 つの値は一意に定まることがわかる．つまり受電端の有効電力 P_r が需要家により P_{load} と与えられると送電線から供給される受電端の無効電力 Q_r も一意に定まることになる．しかしながら，負荷では接続される機器の負荷力率に応じて負荷の消費する無効電力 Q_{load} が決まり，Q_r に一致しないのが普通である．逆にいうと，E_s, E_r を一定に保つためには，この負荷で消費される無効電力 Q_{load} と送電線から供給される無効電力 Q_r の差分を受電端で補償する必要がある．この無効電力の補償のことを**調相**と呼ぶ．この調相のために用いられる設備を**調相設備**といい，電力用コンデンサ，分路リアクトル，同期調相機，静止型無効電力補償装置（SVC）などがある．

7.4.1 電力用コンデンサ，分路リアクトル

無効電力の補償機器として最も基本的なものは図 7.7 に示す**電力用コンデンサ**と**分路リアクトル**である．電力用コンデンサから供給される複素電力は以下のようにして求まる．

$$
\begin{aligned}
P + jQ &= \dot{E}_r \overline{\dot{I}} \\
&= \dot{E}_r \overline{\frac{0 - \dot{E}_r}{\frac{1}{j\omega C}}} \\
&= \dot{E}_r j\omega C \overline{\dot{E}_r} \\
&= 0 + j\omega C E_r^2
\end{aligned}
\tag{7.19}
$$

したがって，$P = 0$, $Q = \omega C E_r^2$ となる．つまり電力用コンデンサによって遅れ無効電力 $\omega C E_r^2$ を供給することができる．分路リアクトルを用いると，同様に計算して，遅れ（進み）無効電力 $\frac{E_r^2}{\omega L}$ を消費（供給）することができる．両者とも，無効電力は端子電圧 E_r の 2 乗に比例するため，端子電圧が低下すると無効電力の供給量は大きく減少する．また，スイッチで複数設備を入り切りするので，無効電力量は段階的にしか制御できない．

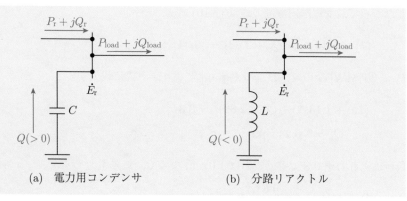

図 7.7　電力用コンデンサ，分路リアクトルによる無効電力供給

例題 7.2

　送電線距離 $100\,\mathrm{km}$ の $77\,\mathrm{kV}$ 三相送電線がある．送電線 1 条当たりの抵抗，リアクタンスを $R = 20\,[\Omega]$, $X = 50\,[\Omega]$ とする．対地静電容量は無視する．受電端の負荷が遅れ力率 0.8 で有効電力 $30\,\mathrm{MW}$ のとき，送電端，受電端の電圧の大きさをそれぞれ $E_\mathrm{s} = 77\,[\mathrm{kV}]$, $E_\mathrm{r} = 70\,[\mathrm{kV}]$ に一定に保つために必要な受電端の調相設備容量を，受電端円線図から求めよ．ただし，単位法の基準容量を $S_\mathrm{N} = 30\,[\mathrm{MV\cdot A}]$，基準電圧を $V_\mathrm{N} = 70\,[\mathrm{kV}]$ とせよ．

【解答】　基準インピーダンスは

$$Z_\mathrm{N} = \frac{V_\mathrm{N}^2}{S_\mathrm{N}} = \frac{70^2 \times 10^6}{30 \times 10^6} \cong 163\,[\Omega]$$

なので，$R \cong 0.122\,[\mathrm{p.u.}]$, $X \cong 0.306\,[\mathrm{p.u.}]$.

$$\therefore\quad Z = \sqrt{R^2 + X^2} = \sqrt{0.122^2 + 0.306^2} \cong 0.329\,[\mathrm{p.u}]$$

$$\sin\beta = \frac{R}{Z} = \frac{0.122}{0.329}, \quad \cos\beta = \frac{X}{Z} = \frac{0.306}{0.329}$$

また，$E_\mathrm{s} = 1.1\,[\mathrm{p.u.}]$, $E_\mathrm{r} = 1.0\,[\mathrm{p.u.}]$ であるので

$$\frac{E_\mathrm{r}^2}{Z} = \frac{1}{0.329} \cong 3.04, \quad \frac{E_\mathrm{s}E_\mathrm{r}}{Z} = \frac{1.1}{0.329} = 3.34$$

$$\frac{E_\mathrm{r}^2}{Z}\sin\beta = 3.04 \times \frac{0.122}{0.329} \cong 1.13$$

$$\frac{E_\mathrm{r}^2}{Z}\cos\beta = 3.04 \times \frac{0.306}{0.329} \cong 2.82$$

したがって，受電端円線図の式は (7.10) 式より

$$(P_r + 1.13)^2 + (Q_r + 2.82)^2 = 3.34^2$$

$P_r = 30\,[\mathrm{MW}]$ なので，$P_r = 1.0\,[\mathrm{p.u.}]$ となり，上式に代入すると

$$(1.0 + 1.13)^2 + (Q_r + 2.82)^2 = 3.34^2$$

$$\therefore \quad Q_r = -0.245\,[\mathrm{p.u.}]$$

負荷は遅れ力率 0.8 で有効電力は 1.0 p.u. なので，無効電力 Q は

$$Q = 1.0\,[\mathrm{p.u.}] \times \frac{0.6}{0.8} = 0.75\,[\mathrm{p.u.}]$$

よって，調相設備で供給すべき無効電力は

$$Q - Q_r = 0.75 - (-0.245) = 0.995\,[\mathrm{p.u.}]$$

実際の調相設備容量は，

$$0.995\,[\mathrm{p.u.}] \times 30\,[\mathrm{MV \cdot A}] = 29.9\,[\mathrm{MV \cdot A}]$$

となる．

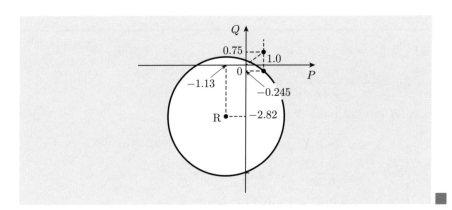

7.4.2 同期調相機

同期調相機は，無負荷の同期電動機，または原動機のない同期発電機であり，界磁電流を調整することによって無効電力供給を進相から遅相まで連続的に変化させることができる．また，端子電圧が低下しても，電力用コンデンサと異なり，内部誘起電圧を一定に維持することにより，無効電力を供給し続けることができる．回転子の慣性力が過渡的な周波数変動や 8 章で述べる過渡安定性を抑制する効果もある．ただし，設備費用は電力用コンデンサや分路リアクトルと比べると高価である．

7.4.3 静止型無効電力補償装置（SVC）

静止型無効電力補償装置 **SVC**（<u>s</u>taic <u>v</u>ar <u>c</u>ompensator）は，コンデンサ，リアクトルおよびサイリスタなどの半導体スイッチを用いて，無効電力を進相から遅相まで連続的に調整するものである．図 7.8 にサイリスタのスイッチングによりリアクトル電流 I_L を制御するタイプの **TCR**（<u>t</u>hyristor <u>c</u>ontrolled <u>r</u>eactor）を示す．

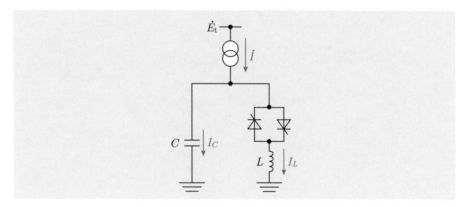

図 7.8 TCR

自励式インバータを用いた静止型無効電力補償装置を **STATCOM**（<u>s</u>tatic <u>syn</u>chronous <u>c</u>ompensator）といい，図 7.9 に示す．自励式インバータ出力電圧 $\dot{E}_I$，送電線端電圧 $\dot{E}_t$ とその間の変圧器リアクタンス X を用いると，$\dot{E}_I = \dot{E}_t + jX\dot{I}$ となる．したがって，自励式インバータ出力電圧 $\dot{E}_I$ を送電線端電圧 $\dot{E}_t$ と同相で電圧の大きさを $E_I > E_t$ とするとインバータからの電流 $\dot{I}$ は 90° 遅れ電流となり，遅れ無効電力のみを供給することになる．これは電力用コンデンサと等価である．また逆に，電圧の大きさを $E_I < E_t$ とすると電流 $\dot{I}$ は 90° 進み電流となり，進み無効電力のみを供給することになる．これは，分路リアクトルと等価である．この

ように自励式インバータ出力電圧の大きさ E_I の大きさを変えることにより，無効電力を調整することができる．

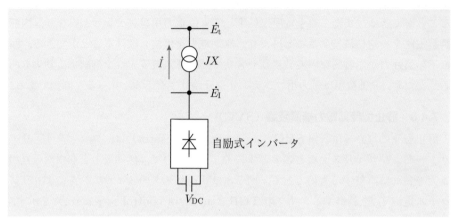

図 7.9　STATCOM

💬　**わが国での STATCOM 設置例**

　STATCOM は，近年世界中で導入されているが，わが国では代表的な例として，1991 年に世界で初めて関西電力（株）の犬山開閉所に容量 80 MV·A が設置され，2013 年に 130 MV·A に増強更新された STATCOM と，2012 年中部電力（株）の東信変電所に設置された 450 MV·A の STATCOM がある．犬山開閉所では，常時系統電圧の維持と，送電電力動揺時に同期化力および制動効果を高めて送電限界電力向上を図ることが目的となっており，東信変電所では，275 kV 送電線重潮流時の 1 回線開放時での定態安定度向上とルート断時の送電系統末端でのフェランチ効果による過電圧の抑制を図ることが目的となっている．

7.5 フェランチ効果

図 7.10 に示すように，通常時，負荷は抵抗負荷にモータなどの誘導性負荷が加わっており，送電線には主として遅れ電流が流れる．ところが，夜間や事故時に負荷が開放されると，送電線の対地静電容量への充電電流が主となり進み電流が流れる場合がある．この場合には，図 7.11 のフェーザ図が示すように受電端の電圧が送電端より上昇する．この現象を**フェランチ効果**と呼ぶ．特に都市部のケーブル系統ではケーブルの対地静電容量が大きいためフェランチ効果が強く現れる．

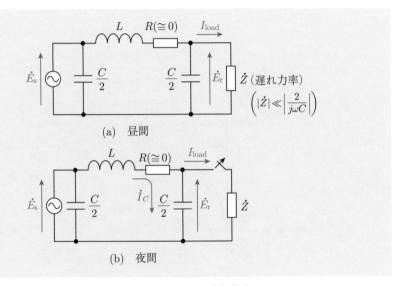

図 7.10 昼間，夜間の系統構成

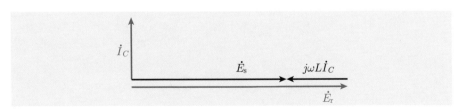

図 7.11 フェランチ効果

7.6　同期発電機の自己励磁現象

　回転している同期発電機に，励磁電流を零にして容量性の負荷を接続した場合，図 7.12 に示すように，電機子の残留磁気による電圧が進み負荷電流を生じさせ，この電流が端子電圧を高めて進み負荷電流をさらに増加させる．これを繰り返しながら端子電圧はある極限値 V_M に達して安定する．この到達する端子電圧が定格電圧よりかなり大きくなると，発電機や周辺機器に損傷を与えることがあるので問題となる．この現象を発電機の**自己励磁現象**という．発電機では，自己励磁現象を起こすことなく安全に送電線を充電できるように最大充電容量を決めることが必要である．

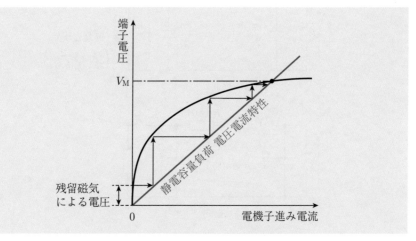

図 7.12　同期発電機の自己励磁現象

7 章の問題

□**1** 図 7.1 の送電線の送電線損失

$$P_{\mathrm{L}} = P_{\mathrm{s}} - P_{\mathrm{r}}$$

を E_{s}, E_{r}, δ, R, X で表す式を求めよ.

□**2** 図 7.1 の送電線の両端の電圧が一定としたとき, 送電端有効電力 P_{s} が単位量増加したときの送電線損失 P_{L} の増加量である増分送電損失が次式であることを示せ.

$$\frac{dP_{\mathrm{L}}}{dP_{\mathrm{s}}} = \frac{2\tan\delta}{\dfrac{X}{R} + \tan\delta}$$

□**3** 対地静電容量を考慮しない場合, 無効電力損失が

$$Q_{\mathrm{L}} = Q_{\mathrm{s}} - Q_{\mathrm{r}} = I^2 X$$

となることを, **1** と同様にして, (7.4) 式と (7.9) 式から導け.

□**4** 周波数 50 Hz, 送電線インダクタンス 1.3 mH/km をもつ亘長 10 km の図 7.1 の無損失送電線 ($R = 0$) で 300 MW を送電する場合について, 送電端円線図, 受電端円線図を描き, $\sin\delta$ と無効電力損失 $Q_{\mathrm{L}} = Q_{\mathrm{s}} - Q_{\mathrm{r}}$ を求めよ. 両端の電圧は 66 kV で一定とする. 単位法で解答するものとし, 基準電圧 66 kV, 基準容量 1000 MV·A を用いよ.
（平成 30 年度電気主任技術者試験第 2 種電力・管理 問 3 より作成）

□**5** フェランチ現象を防止する方策について述べよ.

□**6** 送電線路の試充電において, 自己励磁現象を起こさない方策を挙げよ.

8 系統安定性

　電力システムの安定運用にとって重要な動的特性である同期安定性について学ぶ．同期安定性には，小擾乱同期安定性と大擾乱に対する同期安定性である過渡安定性の 2 つに区分され，それぞれの性質，安定判別法について説明する．さらに，安定度を向上する対策について述べる．

8 章で学ぶ概念・キーワード

- 同期安定性
- 小擾乱同期安定性
- 定態安定極限電力
- 過渡安定性
- 動揺方程式
- 等面積法
- 過渡安定極限電力

8.1 系統安定性とは

電力系統の安定性は，電圧の位相，つまり同期発電機の回転子位相の安定性に関する**同期安定性**，負荷端の電圧の大きさの安定性に関する**電圧安定性**，周波数の安定性に関する**周波数安定性**に分類される．本章では，その中の同期安定性について述べる．なお，安定性，不安定性の度合いを安定度といい，安定性を**安定度**と言い換えることもある．

図 8.1(a) に示すように，微小な擾乱に対して，電力系統が運転している定常的な動作点が安定であるかどうかが**小擾乱同期安定性**（定態安定性と呼ばれることもある）である．一方，定常的には安定な動作点で電力系統が運転していても，図8.1(b) に示すように，大きな擾乱に対しては安定領域から飛び出して不安定になることがある．このような大きな擾乱に対する安定性を**過渡安定性**という．

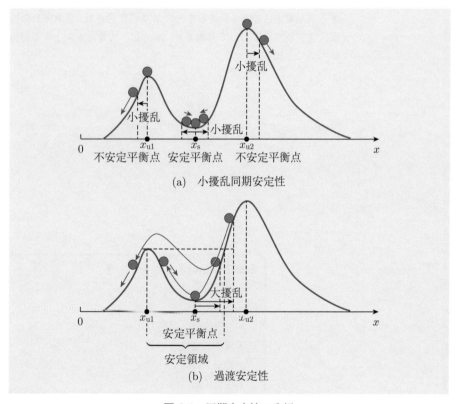

(a) 小擾乱同期安定性

(b) 過渡安定性

図 8.1 同期安定性の分類

8.2 発電機の動揺方程式

同期安定性を支配する主たる微分方程式である発電機の動揺方程式を導く．まず，発電機の回転子の慣性モーメントを I [kg·m^2]，回転角度を θ [rad] とすると，回転子の蓄積エネルギー W [J] は (8.1) 式のように表される．

$$\frac{1}{2}I\left(\frac{d\theta}{dt}\right)^2 = W \tag{8.1}$$

発電機の蓄積エネルギーは，発電機に投入される機械的入力 P_m [W] と発電機の電気的出力 P_e [W] の差で時間変化するので，上式の両辺を時間微分すると以下のようになる．

$$I\frac{d\theta}{dt}\frac{d^2\theta}{dt^2} = \frac{dW}{dt} = P_\mathrm{m} - P_\mathrm{e} \tag{8.2}$$

ここで，発電機の**蓄積エネルギー定数** H（**単位慣性定数**ともいう）を慣性モーメント I，定格容量 S_0 [V·A]，定格角周波数 $\omega_0 = 2\pi f_0$ [rad/sec] を用いて表すと (8.3) 式となる．

$$H = \frac{\frac{1}{2}I\omega_0^2}{S_0} \tag{8.3}$$

蓄積エネルギー定数とは発電機への機械的入力が急に零になったときに，何秒間，定格容量を出し続けることができるかという定数である．単位は正確に表すと，[J/V·A] となるが，発電機の力率を 1 と仮定して定格容量 S_0 を定格出力 P_0 [W] と等しいとすると，[sec] としてよい．

(8.3) 式を (8.2) 式に代入し整理すると，(8.5) 式が得られる．

$$\frac{2S_0}{\omega_0^2}\omega H\frac{d^2\theta}{dt^2} = P_\mathrm{m} - P_\mathrm{e} \tag{8.4}$$

$$\therefore \quad \frac{2H}{\omega_0}\frac{d^2\theta}{dt^2} = \frac{1}{\frac{\omega}{\omega_0}}\left(\frac{P_\mathrm{m} - P_\mathrm{e}}{S_0}\right) \tag{8.5}$$

ここで，

$$M = \frac{2H}{\omega_0} \tag{8.6}$$

とし，M を単に**慣性定数**と呼ぶこととする．単位は [(sec)^2/rad] となる．定格容量 S_0 を用いて電力を単位法化し

$$\frac{\omega}{\omega_0} \cong 1 \tag{8.7}$$

としても数値計算上問題ないことがわかっているので，(8.5) 式は

$$M\frac{d^2\theta}{dt^2} \cong P_{\mathrm{m}}^* - P_{\mathrm{e}}^* \,[\mathrm{p.u.}] \tag{8.8}$$

となる．(8.8) 式を**動揺方程式**という．このように単位法を用いて表した機械的入力と電気的出力の差によって，回転子の加速度の度合いが定まる．以後，単位法を用いるものとし，変数の上添字 * は省略するものとする．この動揺方程式 (8.8) は，単位法の容量基準として発電機の定格容量 S_0 を用いているので，接続される系統の容量基準に変更する際には，慣性定数 M を含めて各種発電機定数の値を変更する必要があることに注意を要する．

この発電機が，図 8.2 のように電圧 $\dot{E}_{\mathrm{r}} = E_{\mathrm{r}}e^{j\delta_{\mathrm{r}}}$ の無限大母線にリアクタンス X の無損失送電線を介して接続されているとする．発電機端の電圧を $\dot{E}_{\mathrm{s}} = E_{\mathrm{s}}e^{j\delta_{\mathrm{s}}}$ とする．**無限大母線**とは，送電線から電力をどれだけ入出力しても電圧の大きさ E_{r} と位相 δ_{r} が変化しない電圧一定母線のことをいい，これは無限大母線の背後に容量無限大の系統がつながっていることと等価である．

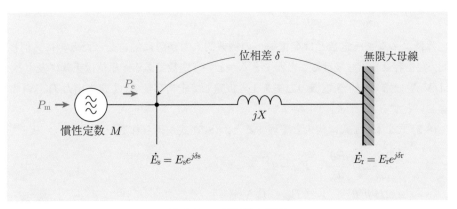

図 8.2　一機無限大系統

図 8.2 の発電機回転子の位相 θ_{s}，無限大母線の電圧位相 θ_{r} は，定格角周波数 ω_0 を用いて

$$\theta_{\mathrm{s}}(t) = \omega_0 t + \delta_{\mathrm{s}}(t) \tag{8.9}$$

$$\theta_{\mathrm{r}}(t) = \omega_0 t + \delta_{\mathrm{r}0} \quad (\delta_{\mathrm{r}0} \text{ は一定}) \tag{8.10}$$

と表されるので，両端の位相差 $\delta(t) = \theta_{\mathrm{s}}(t) - \theta_{\mathrm{r}}(t) = \delta_{\mathrm{s}}(t) - \delta_{\mathrm{r0}}$ を用いると

$$\theta_{\mathrm{s}}(t) = \omega_0 t + \delta(t) + \delta_{\mathrm{r0}} \tag{8.11}$$

となる．

したがって，

$$\frac{d\theta_{\mathrm{s}}(t)}{dt} = \omega_0 + \frac{d\delta(t)}{dt} \tag{8.12}$$

$$\frac{d^2\theta_{\mathrm{s}}(t)}{dt^2} = \frac{d^2\delta(t)}{dt^2} \tag{8.13}$$

となり，(8.13) 式を (8.8) 式に代入し，P_{e} に 7 章の (7.6) 式を用いると動揺方程式は

$$M\frac{d^2\delta(t)}{dt^2} = P_{\mathrm{m}} - P_{\mathrm{e}}$$
$$= P_{\mathrm{m}} - \frac{E_{\mathrm{s}}E_{\mathrm{r}}}{X}\sin\delta(t) \tag{8.14}$$

となる．(8.14) 式は位相差 δ に関する 2 階非線形常微分方程式になり，解析的には解けない．したがって，正確な解を得るには，数値シミュレーションをする必要がある．擾乱発生後の短時間の解析を行う場合は，発電機への機械的入力 P_{m} を一定とすることができ，擾乱発生後長時間の解析をするときには，P_{m} は一定ではなく，調速機（ガバナ）の動作により変化する．

8.3　小擾乱同期安定性

8.3.1　定性的説明

図 8.2 の一機無限大系統において，発電機が平衡（定常）状態で運転しているとする．平衡状態における動作点は，(8.14) 式の右辺を零，$P_\mathrm{m} - P_\mathrm{e} = 0$ とおけばよく

$$P_\mathrm{m} = \frac{E_\mathrm{s} E_\mathrm{r}}{X} \sin \delta \tag{8.15}$$

を満足する δ となる．図 8.3 を電力–位相差曲線（**P–δ 曲線**）といい，動作点は 2 つの交点，点 S $(\delta = \delta_\mathrm{s} < \frac{\pi}{2})$ と点 U $(\delta = \delta_\mathrm{u} > \frac{\pi}{2})$ となる．以降，点 S と点 U のそれぞれについての安定性を説明する．

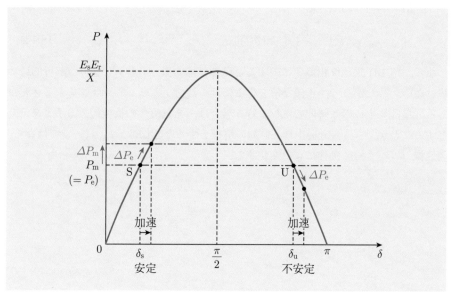

図 8.3　電力–位相差曲線

　この発電機に，機械的入力 P_m が ΔP_m だけ増加するという微小な擾乱が発生したとする．微小な擾乱には，負荷の増減，発電出力の増減などがある．

　動作点 S では，P_m が急に増加しても，位相差 δ は慣性により急には増加できず，したがって P_e も急には増加しないので，$P_\mathrm{m} + \Delta P_\mathrm{m} > P_\mathrm{e}$ となる．動揺方程式 (8.14) の右辺が正になるので，(8.14) 式にしたがって発電機が加速し，δ が大き

くなる．それに伴って，P_e が大きくなるため，$P_m + \Delta P_m = P_e + \Delta P_e$ となる点で平衡状態となり δ の増加が止まる．ここでは，ΔP_m が微小であるので δ のオーバーシュートは無視している．

一方，動作点 U では，P_m が増加すると位相差 δ が大きくなるのは動作点 S と同じであるが，δ の増加に伴い P_e が減少するため，$P_m + \Delta P_m > P_e - \Delta P_e$ となり，発電機がますます加速し，P_e がますます減少し，δ の増加は止まらない．

以上より，平衡状態の動作点 S は安定であり，動作点 U は不安定となることがわかる．また，動作点において $\frac{dP_e}{d\delta} > 0$（$\delta < \frac{\pi}{2}$）ならば安定，$\frac{dP_e}{d\delta} < 0$（$\delta > \frac{\pi}{2}$）ならば不安定となることもわかる．この $\frac{dP_e}{d\delta}$ を**同期化力**といい，位相差 δ が変化したときに元の値に引き戻される力を示している．δ が小さいほど，つまり送電電力が小さいほど同期化力は大きくなる．この安定領域と不安定領域の境界は $\delta = \frac{\pi}{2}$ であり，そのときの送電電力 P_e は最大となり

$$P_{emax} = \frac{E_s E_r}{X} \tag{8.16}$$

を**定態安定極限電力**という．

8.3.2 数式的説明

動揺方程式 (8.14) において，機械的入力 P_m を一定とし，図 8.3 上の動作点 (δ_s, P_m) において δ が δ_s から $\Delta\delta$ だけ微小変動するとして $\Delta\delta$ に関して線形化すると

$$M\frac{d^2(\delta_s + \Delta\delta)}{dt^2} = P_m - \frac{E_s E_r}{X}\sin(\delta_s + \Delta\delta) \tag{8.17}$$

$$\therefore\quad M\frac{d^2\Delta\delta}{dt^2} + C\Delta\delta = 0 \tag{8.18}$$

ただし，

$$C = \left(\frac{dP_e}{d\delta}\right)_{\delta=\delta_s} = \frac{E_s E_r}{X}\cos\delta_s \quad \text{（同期化力）} \tag{8.19}$$

となり，(8.18) 式の解は

$$C > 0 \text{ のとき，}\quad \Delta\delta = A\sin\sqrt{\frac{C}{M}}\,t + B\cos\sqrt{\frac{C}{M}}\,t \quad \text{（振動解）} \tag{8.20}$$

$$C < 0 \text{ のとき，}\quad \Delta\delta = A'e^{\sqrt{\left|\frac{C}{M}\right|}\,t} + B'e^{-\sqrt{\left|\frac{C}{M}\right|}\,t} \quad \text{（発散解）} \tag{8.21}$$

となる．

(8.18) 式は，図 8.4 に示す質量 M の重りがばね定数 C のばねにつながったばね振動と等価になることがわかる．風損や摩擦損が存在すると，振動解の (8.20) 式は収束解となる．

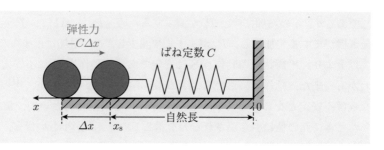

図 8.4　ばね振動

例題 8.1

　図 8.2 の一機無限大母線系統において，送電線リアクタンスを $X = 0.5\,[\text{p.u.}]$ とし，送電端，受電端電圧の大きさはともに $1.0\,\text{p.u.}$ とする．送電線の抵抗分は無視する．発電機の蓄積エネルギー定数は $H = 5\,[\text{sec}]$ である．この系統に小擾乱が発生したとする．送電端と受電端の電圧位相差が $\delta = 60°$ の場合に，発電機の動揺周期を求めよ．なお，周波数は $50\,\text{Hz}$ とせよ．

【解答】　(8.20) 式より，小擾乱のよる動揺角速度 ω_{c} は，$\omega_{\text{c}} = \sqrt{\dfrac{C}{M}}$ となる．ここで M は慣性定数で，$M = \dfrac{2H}{\omega_0} = \dfrac{H}{\pi f_0}$ である．

$$\therefore \quad M = \frac{1}{31.4}$$

また，C は同期化力で，(8.19) 式より，

$$C = \left(\frac{dP_{\text{e}}}{d\delta}\right)_{\delta=\delta_{\text{s}}} = \frac{1}{0.5}\cos\delta_{\text{s}} = 2\cos\delta_{\text{s}}$$

$\delta_{\text{s}} = 60°$ なので，

$$\omega_{\text{c}} = \sqrt{31.4 \times 2\cos\frac{\pi}{3}} \cong 5.60\,[\text{rad/s}]$$

したがって，周期は $T \cong 1.12\,[\text{sec}]$.

8.4 過渡安定性

8.4.1 過渡安定性とは

運転している発電機の動作点が，前節で説明したように微小な擾乱に対して安定であっても，大きな擾乱に対して安定領域から飛び出して不安定になるのか，安定領域にとどまって安定なのかの性質を**過渡安定性**という．

　大きな擾乱に対しては，非線形微分方程式である動揺方程式を線形化できないので，微分方程式の解析解が得られず，正確に解析を行うには，数値シミュレーションを行うことになる．図 8.5 に過渡的に安定，不安定な場合の位相差 δ の軌跡を示す．非線形な微分方程式で表されるシステムの安定性は，リアプノフの安定理論を用いたエネルギー関数などによる解析が可能で，電力システムにおいても適用されている例があるが専門書に譲り，本書では等面積法による解析を示す．

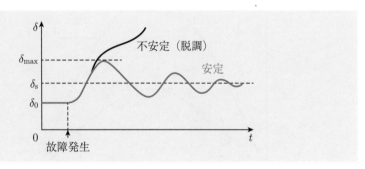

図 8.5 位相差 δ の安定・不安定現象

8.4.2 等面積法による過渡安定性判別

　ここで，図 8.6 に示す 2 回線送電線をもつ一機無限大系統を考える．1 回線に故障が発生し，その回線が遮断器により開放され，2 回線が 1 回線になったとする．送電線インピーダンスが 2 倍になるので，1 回線送電線の P–δ 曲線は，図 8.7 に示すように 2 回線送電線より高さが低くなり，P–δ 曲線のピークの定態安定極限電力は半分になる．

　1 回線送電線に対する電気的出力 $P_{\mathrm{e}}(\delta)$ を用いた動揺方程式 (8.22) を次のように変形していく．

$$M\frac{d^2\delta}{dt^2} = P_{\mathrm{m}} - P_{\mathrm{e}}(\delta) \tag{8.22}$$

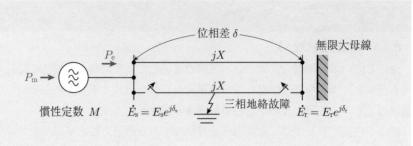

図 8.6 一機無限大系統（2 回線送電線）

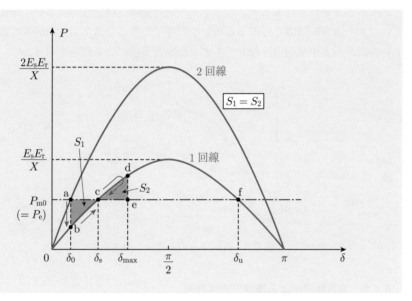

図 8.7 P–δ 曲線を用いた等面積法（安定な場合）

両辺に $\frac{d\delta}{dt}$ をかける.

$$M\frac{d^2\delta}{dt^2}\frac{d\delta}{dt} = (P_{\mathrm{m}} - P_{\mathrm{e}}(\delta))\frac{d\delta}{dt} \tag{8.23}$$

$$\frac{1}{2}M\frac{d}{dt}\left(\frac{d\delta}{dt}\right)^2 = (P_{\mathrm{m}} - P_{\mathrm{e}}(\delta))\frac{d\delta}{dt} \tag{8.24}$$

(8.24) 式を時刻 t_0 から t まで積分すると

$$\frac{1}{2}M\left(\frac{d\delta}{dt}\right)^2 = \int_{t_0}^{t} \left(P_{\mathrm{m}} - P_{\mathrm{e}}(\delta)\right)\frac{d\delta}{dt}dt \tag{8.25}$$

$$\therefore \quad \frac{1}{2}M\left(\frac{d\delta}{dt}\right)^2 = \int_{\delta_0}^{\delta} \left(P_{\mathrm{m}} - P_{\mathrm{e}}(\delta)\right)d\delta \tag{8.26}$$

大きな擾乱によって，δ が発散せずに新たな動作点に収束するためには，どこかの時刻で，δ が増加から減少に転じる点，つまり $\frac{d\delta}{dt} = 0$ となる点が存在すればよい．したがって，(8.26) 式から，収束条件として次式が得られる．

$$\int_{\delta_0}^{\delta} \left(P_{\mathrm{m}} - P_{\mathrm{e}}(\delta)\right)d\delta = 0 \tag{8.27}$$

(8.27) 式は，$P_{\mathrm{m}} = $ 一定 の直線と曲線 $P_{\mathrm{e}}(\delta)$ により挟まれる領域の面積積分が零であることを示している．$P_{\mathrm{m}} > P_{\mathrm{e}}(\delta)$ のとき面積積分は正で，$P_{\mathrm{m}} < P_{\mathrm{e}}(\delta)$ のとき面積積分は負となる．また，(8.26) 式の左辺は，速度エネルギーに類するものとみなすことができるので，$P_{\mathrm{m}} > P_{\mathrm{e}}(\delta)$ のときの幾何学的面積（> 0）を発電機への**加速エネルギー**，$P_{\mathrm{m}} < P_{\mathrm{e}}(\delta)$ のときの幾何学的面積（> 0）を**減速エネルギー**と呼んでいる．

さて，送電線が 2 回線から 1 回線に急変することにより，図 8.7 に示すように，$P_{\mathrm{m}0} = P_{\mathrm{e}(2\,回線)}(\delta)$ となる動作点 a（$\delta = \delta_0$）は点 b に移動する．点 b では，$P_{\mathrm{m}0} > P_{\mathrm{e}(1\,回線)}(\delta_0)$ なので発電機は加速を始め，δ が大きくなり，$P_{\mathrm{m}0} = P_{\mathrm{e}(1\,回線)}(\delta)$ となる動作点 c（$\delta = \delta_{\mathrm{s}}$）を通り過ぎて，(8.27) 式を満足する点 d（$\delta = \delta_{\max}$）まで増加する．点 d では，面積 abc（S_1）と面積 cde（S_2）が等しくなり $\frac{d\delta}{dt} = 0$ となるので，δ は増加が止まり減少に転じ，時間がたつと 1 回線送電線の新たな動作点 c に落ち着く．つまり，発電機はこの擾乱に対して安定であることがわかる．

以上より，面積 $S_1 = S_2$ が成立する最大位相差 $\delta_{\max}$ の点 d が存在すれば過渡的に安定であると判定できる．この判定手法を**等面積法**という．面積 $S_1 = S_2$ は，発電機への加速エネルギーと減速エネルギーが等しいことを示している．しかし，送電電力 $P_{\mathrm{m}0}$ が大きくなると，$S_1 = S_2$ となる点 d が存在せず不安定となる．図 8.8 に示すように，擾乱発生後 δ が大きくなり，$P_{\mathrm{m}0} = P_{\mathrm{e}(1\,回線)}(\delta)$ となる点 f（$\delta = \delta_{\mathrm{u}}$）においても面積 S_1（加速エネルギー）と面積 S_2（減速エネルギー）の関係が $S_1 > S_2$ となるので，δ は点 f での δ_{u} を超えて増加する．点 f を超えると，面積積分は正から負に変わり加速エネルギーとなるので，δ は増加し続けることになり図 8.5 に示すように発散する．$\delta_{\mathrm{u}} = \pi - \delta_{\mathrm{s}}$ でちょうど $S_1 = S_2$ となる場合が

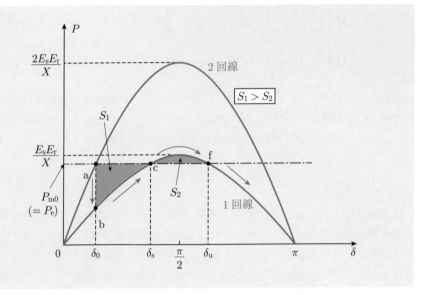

図 8.8　P–δ 曲線を用いた等面積法（不安定な場合）

過渡的に安定に送電できる限界であり，このときの送電電力を**過渡安定極限電力**という．

　図 8.6 の一機無限大系統において，2 回線送電線の 1 回線に三相地絡故障が発生すると，地絡状態が一定時間続き，その後，保護リレーにより遮断器が動作し，その地絡故障回線が開放されるのが一般的である．そのときの動作点の推移は図 8.9 のようになる．地絡故障が発生しこの保護リレーシステムの動作により故障が除去されるまでの時間を**故障除去時間**，そのときの位相差を**故障除去角**という．この故障除去時間が長くなると故障除去角が大きくなり，安定性は厳しくなり不安定に向かう．この過渡安定性を維持することのできる故障除去時間の最大値を**臨界故障除去時間**といい，過渡安定度を定量的に示すものとしてよく使われる．この臨界故障除去時間が長いと，その故障に対して過渡安定性が強いと言える．

　実際，同期発電機には，発電機の磁気方程式，速度制御系の調速機，端子電圧制御系の自動電圧調整装置などの動的特性が加わり，また系統内には発電機が多数接続されるので現象は複雑になる．したがって，1 つの同期発電機の動揺方程式のみを考慮した等面積法は応用が限られるが，過渡安定性の基本的性質を理解するのに適している．

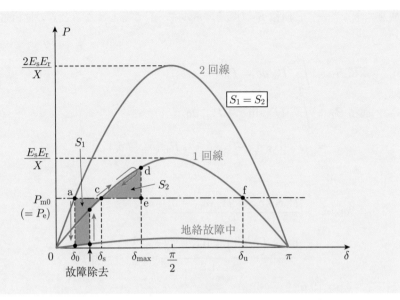

図 8.9 P–δ 曲線を用いた等面積法（故障中を考慮）

例題 8.2

図 8.2 の一機無限大母線系統において，送電線リアクタンスを $X = 1.0\,[\text{p.u.}]$ とし，送電端電圧の大きさを $E_\text{s} = 1.2\,[\text{p.u.}]$，受電端電圧の大きさを $E_\text{r} = 1.0\,[\text{p.u.}]$ とする．送電線の抵抗分は無視する．負荷の有効電力は $P = 0.6\,[\text{p.u.}]$ である．送電線事故が発生し，事故と同時に送電線が遮断された．過渡安定性が維持できるように再び送電線を投入する際の最大位相差 δ_c を求めよ．

【解答】 事故発生前の送電端と受電端の電圧位相差は，(8.15) 式より

$$0.6 = \frac{1.2 \times 1.0}{1.0} \sin \delta_\text{s}$$

$$\therefore \quad \delta_\text{s} = \frac{\pi}{6}$$

したがって，$\delta_\text{m} = \pi - \delta = \frac{5}{6}\pi$．また

$$P_0 = \frac{E_\text{s} E_\text{r}}{X} = 1.2\,[\text{p.u.}]$$

過渡安定性が維持できる送電線を再投入する最大位相差 δ_c は，図に示す面積 S_1

（加速エネルギー）と面積 S_2（減速エネルギー）が等しくなるときの位相差であるので

$$\text{面積 } S_1 = \int_{\delta_{\mathrm{s}}}^{\delta_{\mathrm{c}}} P_{\mathrm{m}}\, d\delta = P_{\mathrm{m}}\,(\delta_{\mathrm{c}} - \delta_{\mathrm{s}})$$

$$\text{面積 } S_2 = \int_{\delta_{\mathrm{c}}}^{\delta_{\mathrm{m}}} (P_0 \sin \delta - P_{\mathrm{m}})\, d\delta$$

$$= -P_0\,(\cos \delta_{\mathrm{m}} - \cos \delta_{\mathrm{c}}) - P_{\mathrm{m}}\,(\delta_{\mathrm{m}} - \delta_{\mathrm{c}})$$

$S_1 = S_2$ より

$$\cos \delta_{\mathrm{c}} = \frac{P_0 \cos \delta_{\mathrm{m}} + P_{\mathrm{m}}\,(\delta_{\mathrm{m}} - \delta_{\mathrm{s}})}{P_0}$$

$$= \frac{1.2 \times \left(-\frac{\sqrt{3}}{2}\right) + 0.6 \times \left(\frac{5}{6}\pi - \frac{1}{6}\pi\right)}{1.2} = 0.18$$

$$\therefore \quad \delta_{\mathrm{c}} = 79.6°$$

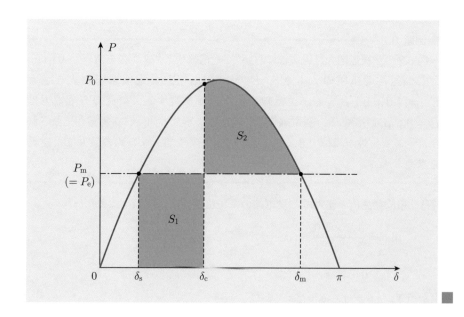

8.5 安定度向上策

小擾乱同期安定性，過渡安定性を向上させるには，基本的には，定態安定極限電力，過渡安定極限電力を増大させ，加速エネルギーを小さくし，減速エネルギーを大きくするとよい．次のような具体策がある．

(1) 発電機の慣性定数 M を大きくして，擾乱に対して回転数が変わりにくくする．発電機の蓄積エネルギー定数 H の例を表 8.1 に示す．

表 8.1 代表的な蓄積エネルギー定数（単位慣性定数）

発電機種類	蓄積エネルギー定数 [sec]
水車発電機	1.0〜3.4
火力タービン発電機	0.8〜1.3
発電電動機（揚水発電所）	4.6
誘導電動機	0.5〜1.0

(2) 送電電圧を高くして，定態安定極限電力を大きくする．同一発電機出力に対して位相差が小さくなるので，安定性が向上する．

(3) 送電線リアクタンスを小さくして，定態安定極限電力を大きくする．**束導体**（多導体）を用いると，4 章で学んだように，線路の等価的な半径が大きくなり送電線リアクタンスを小さくすることができる．また線路に直列にコンデンサを設置し，送電線リアクタンスを小さくする．これを**直列コンデンサ**という．わが国の基幹送電系統では一か所で採用されているが，線路長の長い米国では多くみられる．送電線インダクタンスと直列コンデンサにより，送電系統が商用周波数より低い LC 直列共振周波数をもち，それによってタービン発電機の**軸ねじれ振動現象**（SSR）や発電機の自己励磁現象などの発電機の**負制動現象**が発生することもあるので注意が必要である．

(4) 地絡している送電線を遮断器で開放後，地絡部分のアーク放電が消滅し残留イオンが無くなり次第，遮断器を再投入し送電を再開する．これによって，図 8.10 に示すように，高速に定態安定極限電力を元に戻し減速エネルギーを大きくすることができる．これを**高速度再閉路**という．遮断器動作から再閉路までの時間を**無電圧時間**といい，1 秒程度以下である．

高速度再閉路には，以下の方式がある．

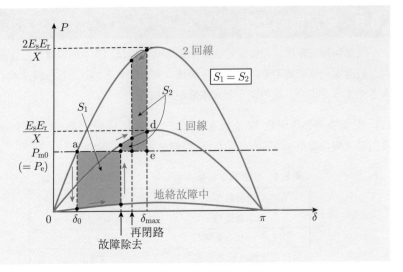

図 8.10 P–δ 曲線上の高速度三相閉路

（ i ） 三相再閉路：故障相とは無関係に三相を遮断し，再閉路を行う．遮断中
は，その回線では全く電力を送れない．また，再閉路時に過大なトルクが発
生し，発電機とタービンから構成される軸系にねじり振動を発生させ，軸疲
労につながる危険性があるので注意が必要である．

（ ii ） 単相再閉路：一線地絡故障時に単相の故障相のみを遮断し，再閉路を
行う．

（iii） 多相再閉路：並行 2 回線送電線において，少なくとも二相が健全のとき
に，故障相のみを遮断し，再閉路を行う．

（5） 発電機の**自動電圧調整装置**（AVR, <u>a</u>utomatic <u>v</u>oltage <u>r</u>egulator）を含む励
磁系の応答性を高めて，送電線地絡故障時に，高速に発電機の励磁電流を大きくし
て，界磁電圧を 100 msec 以下で 5 p.u. から 7 p.u. 程度まで上昇させる．界磁電圧
の 1 p.u. は，無負荷定格端子電圧に対応する界磁電圧であり，界磁電圧の最大値
を**頂上電圧**という．それによって故障中の送電端電圧の低下を抑えることができ，
故障中の定態安定極限電力を増大できる．これを**超速応励磁**という．これにより過
渡安定度（位相角の第 1 波脱調現象）は安定化できる．しかし，第 2 波以降の減衰
が悪化し振動が長時間継続する弱制動現象が発生する場合，その長時間振動が増大
して脱調になることもある．その対策として発電機の AVR に**電力系統安定化装置**

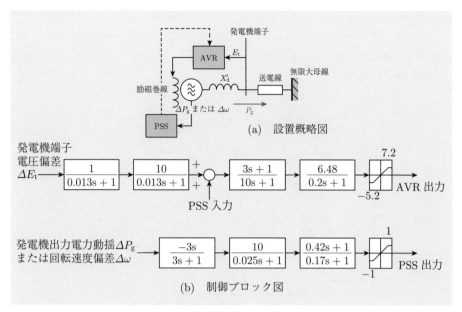

図 8.11 AVR と PSS

（PSS, power sytem stabilizer）を設置する．この PSS は，図 8.11 に示すように，発電機出力電力動揺 ΔP または発電機回転速度偏差 $\Delta \omega$ に対して位相補償などをした信号を AVR の入力に加えるものである．

(6)　発電機端の変圧器に三次巻線を設け，そこに接地抵抗を接続する．図 8.12 に示すように，送電線故障時に発電機が加速したときに，スイッチで抵抗を投入し，発電機出力を大きくして加速エネルギーを小さくする．この抵抗を**制動抵抗**という．

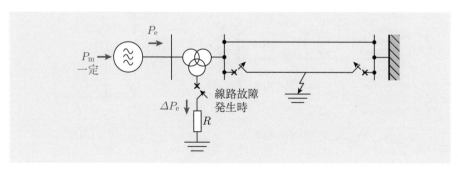

図 8.12　制動抵抗

(7)　送電線故障時に，図 8.13 に示すように，火力発電所のボイラから高圧タービン，高圧タービンから中圧タービンに入る蒸気を高速に減少させることによって，発電機への機械的入力を減らし加速エネルギーを小さくする．これを**タービン高速バルブ制御**という．

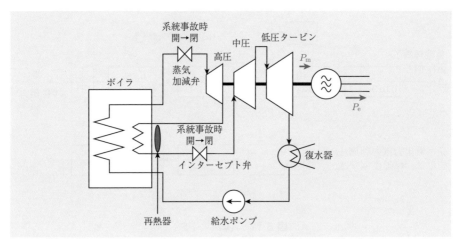

図 8.13　タービン高速バルブ制御

(8)　長距離送電線の中間地点に**静止型無効電力補償装置**（SVC）を設置し，電圧を一定に維持する．このことにより，図 8.14 のように送電線距離を等価的に半分にすることができ，定態安定極限電力が大きくなる．送電線両端の位相差を $\frac{\pi}{2}$ 以上に広げることができるので，これを**広相差角送電**ということがある．

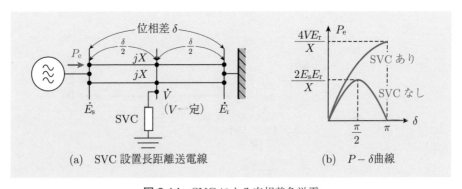

(a)　SVC 設置長距離送電線　　　　(b)　$P-\delta$ 曲線

図 8.14　SVC による広相差角送電

📄 わが国での直列コンデンサ設置例

　関西電力送配電(株)の城端開閉所（富山県南砺市）には，黒部川水系の水力発電所からの大電力を大阪エリアに送電する 275 kV 大黒部幹線（城端開閉所～北大阪変電所間 243.7 km）の送電容量増加対策として，直列コンデンサが設置されている．基幹送電線への直列コンデンサは，わが国ではここだけである．1973 年に設置され，1884 年に増設，送電線リアクタンスの 50 % を補償しており，設備容量は 198 Mvar × 2 回線である．直列コンデンサにより，送電容量は 1 回線運用では 300 MW から 480 MW へ，2 回線運用では，500 MW から 1140 MW に増加する．

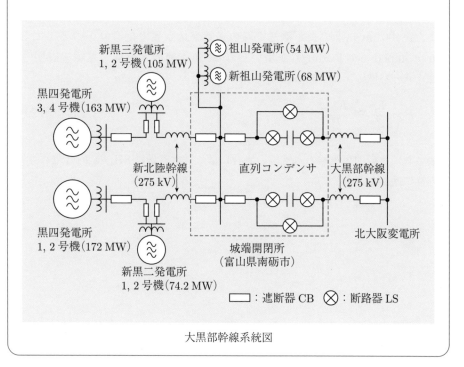

大黒部幹線系統図

8.6 送電容量

送電容量は，さまざまな要因によって決定される．短距離送電線では，送電線の連続許容温度から決まる連続許容電流や，電圧降下，電力損失が主要要因になるが，長距離送電線では，先に述べた同期安定性や，電圧安定性，周波数安定性などの系統安定性，調相容量，電力損失などが主要要因になる．連続許容電流 I_m から決まる送電容量（熱容量）P は，次式で与えられる．

$$P = \sqrt{3}\,V I_m \cos\theta \tag{8.28}$$

ここで，V は線間電圧，$\cos\theta$ は力率である．

また，400 km 以上の長距離送電線の送電容量限界の指標の 1 つとして SIL (surge impedance loading) が用いられる．5.4 節の長距離送電線で説明した (5.20) 式の特性インピーダンス Z_s を用いて，

$$P = \frac{E_r^2}{Z_s} \cong \frac{E_r^2}{\sqrt{\frac{l}{c}}} \tag{8.29}$$

と表され，比較的短距離の送電線の場合には，送電容量は SIL の 2〜3 倍になり，熱容量に近くなる．

8章の問題

□**1**　単位法で表された (8.8) 式の動揺方程式の容量基準を発電機定格容量 S_0 から系統容量 S_N に変更するとき，慣性定数 M はどのように変更すべきか，(8.5) 式から導け．

□**2**　(8.18) 式において，慣性定数 M，同期化力 C（> 0）がそれぞれ小さくなると，微小外乱があった場合に δ の動揺はどのように変化するか述べよ．

□**3**　(8.18) 式において，制動項を加えると次式となる．

$$M\frac{d^2\Delta\delta}{dt^2} + D\frac{d\Delta\delta}{dt} + C\Delta\delta = 0 \quad (D > 0)$$

この式において，慣性定数 M，同期化力 C（> 0）がそれぞれ小さくなると，微小外乱があった場合に δ の動揺はどのように変化するか述べよ．

□**4**　図 8.6 の一機無限大系統における 1 回線三相地絡故障に対して図 8.9 の故障中状態を考慮した P–δ 曲線を用いて，臨界故障除去時間を求めるための等面積法の面積条件を示し，臨界故障除去角を求めよ．ただし，地絡故障中の定態安定極限電力は零（P–δ 曲線は横軸と一致）とする．

□**5**　図 8.6 の一機無限大系統における 1 回線三相地絡故障に対して図 8.9 のように故障中状態を考慮する場合，発電機の慣性定数 M が小さくなると過渡安定度はどのように変化するか述べよ．

□**6**　図の 2 回線送電系統において，昇圧変圧器の高圧側母線至近端で三相地絡故障（故障点抵抗零）が発生し，0.1 秒後に 1 回線三相遮断，故障除去，1 回線運用に瞬時に移行したとする．発電機は，過渡リアクタンス x'_d とその背後電圧一定の電圧源モデルで表現し，過渡リアクタンス背後電圧の位相 θ の動揺は (8.8) 式で表されるものとする．故障発生から 0.1 秒間の故障中は，機械的入力 P_m は一定とする．発電機の定格容量は 1000 MV·A，$x'_\mathrm{d} = 0.3$ [p.u.]（自己容量基準），単位慣性定数 $H = 3.5$ [sec]（自己容量基準）である．変圧器と送電線 1 回線のリアクタンスは，ともに 0.1 p.u.（1000 MV·A 基準）とし，そのほかのインピーダンスは無視する．故障発生前の発電機は，定格端子電圧 1.0 p.u.，定格出力，定格力率 0.9（遅れ）で運転していたものとする．

(1) 故障発生時の電気的出力 P_e のステップ変化の大きさ [p.u.] を求めよ．

(2) 故障発生後 0.1 秒間での発電機過渡リアクタンス背後電圧 $\dot{E}'_\mathrm{q}$ と無限大母線電圧 $\dot{V}_\infty$ の間の位相差 δ の増大量 $\Delta\delta$ [rad] を求めよ．

(3) 故障発生前の発電機の運転条件から，過渡リアクタンス x'_d の背後電圧 $\dot{E}'_\mathrm{q}$ の大きさ E'_q [p.u.] と無限大母線電圧 $\dot{V}_\infty$ の大きさ V_∞ [p.u.] を求めよ．

(4)　問 (3) の結果を用いて，故障発生前の $\sin\delta$ を求めよ．

(5)　短絡故障除去時の電気的出力 P_{e} のステップ変化の大きさ [p.u.] を求めよ．なお，$\sin\Delta\delta \cong \Delta\delta$ を用いてよい．

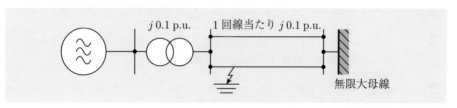

（平成 29 年度電気主任技術者試験第 1 種電力・管理　問 4 より作成）

9 非対称故障計算

　ここまでは平衡三相交流について学んできたが，本章では，送電線に故障が発生し三相の電圧，電流が不平衡になる場合の不平衡三相交流送電系統の扱い方を学ぶ．ここでは対称座標法を説明し，同期機，送電線，変圧器の対称分等価回路を導き，送電系統における一線地絡故障などの非対称故障の解析方法について説明する．

9章で学ぶ概念・キーワード
- 対称座標法
- 正相，逆相，零相
- 同期機の基本式
- 三相変圧器結線
- 非対称故障
- 二相回路法

9.1　対称座標法

　本章では，三相の各相をそれぞれ，a, b, c 相と呼ぶことにする．非対称な三相フェーザは，図 9.1 のように，三相対称性をもつ 3 つの成分に分解することができ，それぞれ**正相分，逆相分，零相分**と呼ぶ．フェーザの回転方向を反時計方向とすると，正相分は時計回りに a, b, c, の相順，逆相分は時計回りに a, c, b の相順の三相対称交流で，零相分は a, b, c 相が同相同値の三相交流となる．

　図 9.1 に示すように，正相，逆相，零相の 3 つの成分（添字をそれぞれ 1, 2, 0 とする）をベクトル的に足し合わせると

$$\dot{V}_a = \dot{V}_{1a} + \dot{V}_{2a} + \dot{V}_{0a} \tag{9.1}$$

$$\dot{V}_b = \dot{V}_{1b} + \dot{V}_{2b} + \dot{V}_{0b} \tag{9.2}$$

$$\dot{V}_c = \dot{V}_{1c} + \dot{V}_{2c} + \dot{V}_{0c} \tag{9.3}$$

となり，$\lambda = e^{j\frac{2}{3}\pi}$ として

$$\dot{V}_{1b} = \lambda^2 \dot{V}_{1a}, \quad \dot{V}_{1c} = \lambda \dot{V}_{1a}, \quad \dot{V}_{2b} = \lambda \dot{V}_{2a},$$

$$\dot{V}_{2c} = \lambda^2 \dot{V}_{2a}, \quad \dot{V}_{0a} = \dot{V}_{0b} = \dot{V}_{0c}$$

を (9.1)〜(9.3) 式に代入すると，

$$\begin{pmatrix} \dot{V}_a \\ \dot{V}_b \\ \dot{V}_c \end{pmatrix} = \begin{pmatrix} 1 & 1 & 1 \\ 1 & \lambda^2 & \lambda \\ 1 & \lambda & \lambda^2 \end{pmatrix} \begin{pmatrix} \dot{V}_{0a} \\ \dot{V}_{1a} \\ \dot{V}_{2a} \end{pmatrix} \tag{9.4}$$

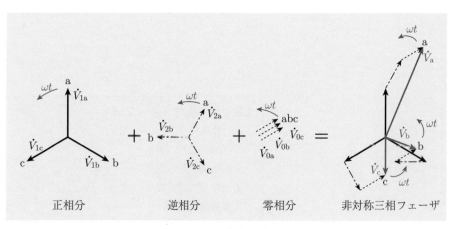

正相分　　　　　　逆相分　　　　　零相分　　　　非対称三相フェーザ

図 9.1　対称座標成分

となり，不平衡三相交流 $\dot{V}_a, \dot{V}_b, \dot{V}_c$ を各対称分の a 相成分で表すことができる．この対称成分の a 相成分を $\dot{V}_{1a} = \dot{V}_1, \dot{V}_{2a} = \dot{V}_2, \dot{V}_{0a} = \dot{V}_0$ とおいて，それぞれを単に正相分，逆相分，零相分と呼ぶことにすると

$$\begin{pmatrix} \dot{V}_a \\ \dot{V}_b \\ \dot{V}_c \end{pmatrix} = \begin{pmatrix} 1 & 1 & 1 \\ 1 & \lambda^2 & \lambda \\ 1 & \lambda & \lambda^2 \end{pmatrix} \begin{pmatrix} \dot{V}_0 \\ \dot{V}_1 \\ \dot{V}_2 \end{pmatrix} \tag{9.5}$$

また，(9.5) 式から

$$\begin{pmatrix} \dot{V}_0 \\ \dot{V}_1 \\ \dot{V}_2 \end{pmatrix} = \frac{1}{3} \begin{pmatrix} 1 & 1 & 1 \\ 1 & \lambda & \lambda^2 \\ 1 & \lambda^2 & \lambda \end{pmatrix} \begin{pmatrix} \dot{V}_a \\ \dot{V}_b \\ \dot{V}_c \end{pmatrix} \tag{9.6}$$

が得られる．ここでは，$\lambda^3 = 1, \lambda^2 + \lambda + 1 = 0$ を用いている．これは任意の三相交流の a, b, c 相成分が正相分，逆相分，零相分に一意に分解されることを示している．ここでの正相分，逆相分，零相分は，三相対称成分のそれぞれの a 相単相成分を表していることに注意を要する．

したがって，三相不平衡電流も対称分で表すと，三相複素電力 $P + jQ$ は

$$P + jQ = \dot{V}_a \overline{\dot{I}_a} + \dot{V}_b \overline{\dot{I}_b} + \dot{V}_c \overline{\dot{I}_c} = 3(\dot{V}_0 \overline{\dot{I}_0} + \dot{V}_1 \overline{\dot{I}_1} + \dot{V}_2 \overline{\dot{I}_2}) \tag{9.7}$$

となり，異なる対称分の電圧と電流の間では電力は発生しないことがわかる．

以上のように不平衡三相フェーザを対称分に分解して扱う方法を**対称座標法**という．

9.2 同期機の対称分モデル

簡単のために，図 9.2 の同期機の a 相の端子電圧瞬時値 $e_a(t)$ を考える．同期機の電機子巻線の中性点は接地されているものとする．

$$e_a(t) = -\frac{d\phi_a}{dt} - ri_a(t) \tag{9.8}$$

ここで，ϕ_a は a 相の電機子巻線鎖交磁束，i_a は出力電流，r は電機子巻線抵抗である．また，b, c 相出力電流，励磁巻線直流電流をそれぞれ i_b, i_c, i_f，a 相自己インダクタンス，a, b 相間，a, c 相間，a 相電機子巻線と励磁巻線間の相互インダクタンスをそれぞれ $L_a, M_{ab}, M_{ac}, M_{af}$ とすると以下のようになる．

$$\phi_a = L_a i_a + M_{ab} i_b + M_{ac} i_c + M_{af} i_f \tag{9.9}$$

同期機では，鉄心をもつ回転子の位置によって磁気抵抗が変化するので，自己インダクタンス，相互インダクタンスの値は次式のように変化し，時変インダクタンスとなる．

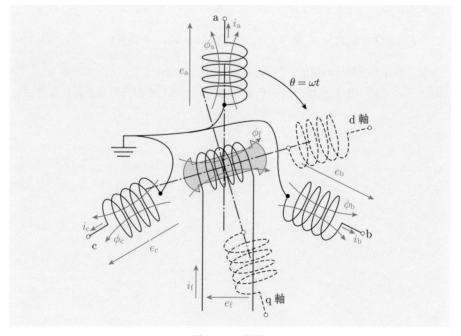

図 9.2 同期機

$$L_a = L_0 + L_1 \cos 2\theta(t) \tag{9.10}$$

$$M_{ab} = -\left\{ M_0 + M_1 \cos 2\left(\theta(t) + \frac{\pi}{6}\right) \right\} \tag{9.11}$$

$$M_{ac} = -\left\{ M_0 + M_1 \cos 2\left(\theta(t) - \frac{\pi}{6}\right) \right\} \tag{9.12}$$

$$M_{af} = M' \cos \theta(t) \tag{9.13}$$

したがって，端子電圧の (9.8) 式の鎖交磁束 ϕ_a の時間微分は，電流の微分だけでなく，インダクタンスの微分も考えなければならず複雑になる．

そこで，詳細は専門書に譲るが，(a, b, c) 相成分から，図 9.2 に示す回転子軸上の仮想的な d 軸巻線と回転子軸に垂直な軸上の仮想的な q 軸巻線への d-q-0 軸成分に変換を行い，次に電圧，電流を正弦波交流瞬時値波形と仮定し，この d-q-0 軸成分から正相分，逆相分，零相分に変換すると，最終的に次式が得られる．

$$\begin{pmatrix} e_a(t) \\ e_b(t) \\ e_c(t) \end{pmatrix} = E_f \begin{pmatrix} \sin \omega t \\ \sin \left(\omega t - \frac{2\pi}{3}\right) \\ \sin \left(\omega t + \frac{2\pi}{3}\right) \end{pmatrix} - Z_1 I_1 \begin{pmatrix} \sin \left(\omega t + \alpha_1 + \varphi_1\right) \\ \sin \left(\omega t + \alpha_1 + \varphi_1 - \frac{2\pi}{3}\right) \\ \sin \left(\omega t + \alpha_1 + \varphi_1 + \frac{2\pi}{3}\right) \end{pmatrix}$$
$$\tag{9.14}$$

$$- Z_2 I_2 \begin{pmatrix} \sin \left(\omega t + \alpha_2 + \varphi_2\right) \\ \sin \left(\omega t + \alpha_2 + \varphi_2 + \frac{2\pi}{3}\right) \\ \sin \left(\omega t + \alpha_2 + \varphi_2 - \frac{2\pi}{3}\right) \end{pmatrix} \tag{9.15}$$

$$- Z_0 I_0 \begin{pmatrix} \sin \left(\omega t + \alpha_0 + \varphi_0\right) \\ \sin \left(\omega t + \alpha_0 + \varphi_0\right) \\ \sin \left(\omega t + \alpha_0 + \varphi_0\right) \end{pmatrix} \tag{9.16}$$

$$+ Z_2' I_2 \begin{pmatrix} \sin \left(3\omega t + \alpha_2 - \varphi_2'\right) \\ \sin \left(3\omega t + \alpha_2 - \varphi_2' - \frac{2\pi}{3}\right) \\ \sin \left(3\omega t + \alpha_2 - \varphi_2' + \frac{2\pi}{3}\right) \end{pmatrix} \tag{9.17}$$

ここで，$E_f = \omega M' i_f$ は内部誘起電圧の大きさであり，(9.14) 式の第 1 項の内部誘起電圧の a 相成分を位相の基準としている．また，

$$\dot{I}_1 = I_1 e^{j\alpha_1}, \quad \dot{I}_2 = I_1 e^{j\alpha_2}, \quad \dot{I}_0 = I_0 e^{j\alpha_0} \tag{9.18}$$

は，外部条件によって同期機に流れる正相分，逆相分，零相分電流のフェーザである．さらに，

$$\dot{Z}_1 = Z_1 e^{j\varphi_1}, \quad \dot{Z}_2 = Z_2 e^{j\varphi_2},$$
$$\dot{Z}_0 = Z_0 e^{j\varphi_0}, \quad \dot{Z}_2' = Z_2' e^{-j\varphi_2'} \tag{9.19}$$

は，r と (9.10)〜(9.12) 式の L_0, L_1, M_0, M_1 から決まる対称分インピーダンスであり，通常は機器定数として与えられる．ただし，正相インピーダンスの $\dot{Z}_1$ だけは，正相分電流 $\dot{I}_1$ の初期位相 α_1，つまり負荷電流と内部誘起電圧の位相差にも影響される．逆相インピーダンス $\dot{Z}_2, \dot{Z}_2'$，零相インピーダンス $\dot{Z}_0$ は定数となる．また，$|\dot{Z}_1| > |\dot{Z}_2|$，$|\dot{Z}_1| > |\dot{Z}_0|$ の関係がある．同期発電機の対称分インピーダンスは，定格容量，水車発電機やタービン発電機などのタイプにもよるが，抵抗分を無視したリアクタンス分の p.u. 値を参考のために表 9.1 に示す．

　(9.14) 式は正相分電流による正相分電圧降下，(9.15) 式は逆相分電流による逆相分電圧降下，(9.16) 式は零相分電流による零相分電圧降下を示しており，基本波では，対称分電流は異なる対称分電圧を発生しないことがわかる．(9.17) 式は，逆相分電流による第三次高調波正相分電圧の発生を示している．これは，電機子巻線に角周波数 ω の逆相分電流が流れると，それが作る回転磁界と逆方向に角周波数 ω で回転する回転子巻線（励磁巻線）に，角周波数 2ω の電圧，電流が誘起され，それが電機子巻線に角周波数 3ω の正相分電圧を誘起するためである．しかしながら，この第三次高調波の三相交流波形は同相になるので，零相分と同じ扱いになり，9.5 節で述べる発電機端の昇圧変圧器一次側（発電機側）巻線の Δ 結線で遮断され送電系統に流出しない．また，対称座標法のフェーザは基本周波数を扱うので，(9.17) 式は無視でき，a 相成分電圧をフェーザで表すと $\dot{E}_a = \dot{E}_1 + \dot{E}_2 + \dot{E}_0$ より

　　正相分　$\dot{E}_1 = E_f - \dot{Z}_1 \dot{I}_1$

　　逆相分　$\dot{E}_2 = -\dot{Z}_2 \dot{I}_2$ 　　　　　　　　　　　　(9.20)

　　零相分　$\dot{E}_0 = -\dot{Z}_0 \dot{I}_0$

となる．これを**同期機の基本式**（基本波成分の式）といい，これらの等価回路を図

表 9.1　発電機の対称分リアクタンスの概数値

対称分リアクタンス	p.u. 値（定格容量ベース）
正相リアクタンス x_1	定常状態 1.1〜2.0
	過渡状態 0.2〜0.4
逆相リアクタンス x_2	0.17〜0.3
零相リアクタンス x_0	0.1〜0.2

（電気工学ハンドブック（第 7 版）（電気学会編，オーム社）より作成）

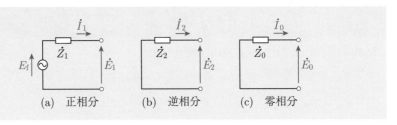

図 9.3 同期機の基本式の等価回路

9.3 に示す.

　同期機は，送電線に一線地絡事故などの非対称故障が発生するなどの外部条件によって逆相分電流や零相分電流が流れると，(9.20) 式に示すように，逆相分電圧降下，零相分電圧降下が発生するので，このような場合の解析には，同期機を図 5.1 のように三相平衡した理想電圧源で表すことはできない.

💬　わが国での三相の呼称

　三相交流の各相の呼び方は，下表のように，わが国の電力会社ではいろいろある．アルファベット連続 3 文字は 2 つの会社のみで，残りは色を用いている．したがって，電力会社間の連系線において各相を接続する場合には注意を要する．交流回路理論では色を用いることはできないのでアルファベットを用いており，a, b, c（一般的），R, S, T（一次側，給電側），U, V, W（二次側，受電側，機器側），X, Y, Z（三次側）などとなっている．

電力会社	相呼称		
北海道	青	赤	白
東北	赤	白	黒
東京	黒	赤	白
中部	青	白	赤
北陸	R	S	T
関西	A	B	C
中国	赤	白	青
四国	赤	白	黒
九州	白	赤	青

9.3　発電機中性点インピーダンスの考慮

図 9.4 に示すように，発電機の中性点がインピーダンス $\dot{Z}_N$ を介して接地されている場合，中性点の電圧を $\dot{V}_N$，各端子電圧を $\dot{V}_a$, $\dot{V}_b$, $\dot{V}_c$ とすると

$$\dot{V}_a = \dot{V}_N + \dot{E}_a$$
$$\dot{V}_b = \dot{V}_N + \dot{E}_b \tag{9.21}$$
$$\dot{V}_c = \dot{V}_N + \dot{E}_c$$

となる．これを，(9.6) 式を用いて対称分に変換すると，

$$\dot{V}_1 = \dot{E}_1 = \dot{E}_f - \dot{Z}_1 \dot{I}_1$$
$$\dot{V}_2 = \dot{E}_2 = -\dot{Z}_2 \dot{I}_2$$
$$\dot{V}_0 = \dot{V}_N + \dot{E}_0 = -(\dot{I}_a + \dot{I}_b + \dot{I}_c)\dot{Z}_N - \dot{Z}_0 \dot{I}_0 = -3\dot{I}_0 \dot{Z}_N - \dot{Z}_0 \dot{I}_0$$
$$= -(3\dot{Z}_N + \dot{Z}_0)\dot{I}_0 \tag{9.22}$$

となるので，同期機の零相インピーダンス $\dot{Z}_0$ に接地インピーダンス $\dot{Z}_N$ の 3 倍を加えたものを，新たな零相インピーダンス $\dot{Z}_0$ とすれば，同期機の端子電圧と大地間の基本式が成り立つ．

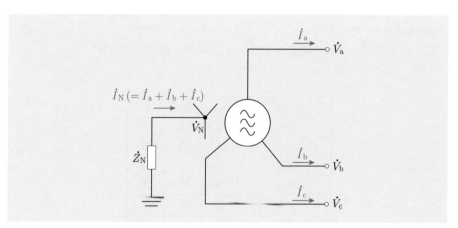

図 9.4　同期機中性点のインピーダンス接地

9.4 無負荷同期機の非対称故障

これまでは，故障条件として三相がすべて同時に地絡した三相地絡故障を考えた．実際には，三相地絡故障は稀で，一線地絡故障などの非対称な故障が起こることが多い．ここでは対称座標法を用いて無負荷同期機の非対称故障について考える．

9.4.1 a 相一線地絡故障

図 9.5 のように無負荷同期機の a 相端子で地絡が発生した際の地絡電流 $\dot{I}_a$，地絡後の b, c 相健全電圧 $\dot{V}_b$, $\dot{V}_c$ を求める．

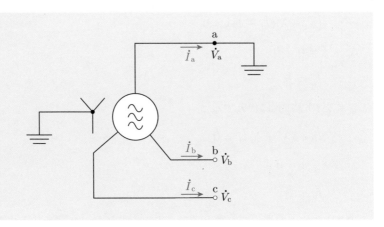

図 9.5 無負荷同期機の a 相一線地絡故障

(i) a, b, c 相成分を用いて故障条件を 3 つ作成する．

　a 相が地絡，b, c 相は開放であるので，故障条件は

$$\dot{V}_a = 0, \quad \dot{I}_b = 0, \quad \dot{I}_c = 0 \tag{9.23}$$

となる．

(ii) 故障条件の (9.23) 式を，(9.5) 式に代入し正相，逆相，零相の対称分に変換し，同期機の基本式とあわせて 6 つの方程式を作成する．

　故障条件は

$$\dot{V}_a = \dot{V}_0 + \dot{V}_1 + \dot{V}_2 = 0 \tag{9.24}$$

$$\dot{I}_b = \dot{I}_0 + \lambda^2 \dot{I}_1 + \lambda \dot{I}_2 = 0 \tag{9.25}$$

$$\dot{I}_c = \dot{I}_0 + \lambda \dot{I}_1 + \lambda^2 \dot{I}_2 = 0 \tag{9.26}$$

同期機の基本式は

$$\dot{V}_1 = E_{\mathrm{f}} - \dot{Z}_1 \dot{I}_1 \tag{9.27}$$

$$\dot{V}_2 = -\dot{Z}_2 \dot{I}_2 \tag{9.28}$$

$$\dot{V}_0 = -\dot{Z}_0 \dot{I}_0 \tag{9.29}$$

となる.

（iii）（9.24）～（9.29）式の 6 つの方程式を解いて, 6 つの未知数である電圧, 電流の対称分 $\dot{V}_0$, $\dot{V}_1$, $\dot{V}_2$, $\dot{I}_0$, $\dot{I}_1$, $\dot{I}_2$ を求める.

（9.25）式と（9.26）式から

$$(\lambda^2 - \lambda)(\dot{I}_1 - \dot{I}_2) = 0 \tag{9.30}$$

$\lambda^2 - \lambda \neq 0$ より

$$\dot{I}_1 = \dot{I}_2 \tag{9.31}$$

これを（9.25）式に代入すると

$$\dot{I}_0 + (\lambda^2 + \lambda)\dot{I}_1 = 0 \tag{9.32}$$

$\lambda^2 + \lambda + 1 = 0$ より

$$\dot{I}_0 = \dot{I}_1, \quad \therefore \quad \dot{I}_0 = \dot{I}_1 = \dot{I}_2 \tag{9.33}$$

（9.24）式に同期機の基本式（9.27）～（9.29）式と（9.33）式を代入すると

$$E_{\mathrm{f}} - \left(\dot{Z}_1 + \dot{Z}_2 + \dot{Z}_0\right)\dot{I}_1 = 0 \tag{9.34}$$

$$\therefore \quad \dot{I}_0 = \dot{I}_1 = \dot{I}_2 = \frac{E_{\mathrm{f}}}{\dot{Z}_1 + \dot{Z}_2 + \dot{Z}_0} \tag{9.35}$$

これを同期機の基本式（9.27）～（9.29）式に代入して

$$\dot{V}_1 = E_{\mathrm{f}} - \dot{Z}_1 \frac{E_{\mathrm{f}}}{\dot{Z}_1 + \dot{Z}_2 + \dot{Z}_0} = \frac{\dot{Z}_2 + \dot{Z}_0}{\dot{Z}_1 + \dot{Z}_2 + \dot{Z}_0} E_{\mathrm{f}} \tag{9.36}$$

$$\dot{V}_2 = -\frac{\dot{Z}_2}{\dot{Z}_1 + \dot{Z}_2 + \dot{Z}_0} E_{\mathrm{f}} \tag{9.37}$$

$$\dot{V}_0 = -\frac{\dot{Z}_0}{\dot{Z}_1 + \dot{Z}_2 + \dot{Z}_0} E_{\mathrm{f}} \tag{9.38}$$

（iv）　求まった $\dot{V}_0$, $\dot{V}_1$, $\dot{V}_2$, $\dot{I}_0$, $\dot{I}_1$, $\dot{I}_2$ を a, b, c 相に変換する.（9.35）～（9.38）式に（9.5）式を用いて, 次式を得る.

a 相地絡電流 $\quad \dot{I}_\mathrm{a} = \dot{I}_0 + \dot{I}_1 + \dot{I}_2 = 3\dot{I}_1 = \dfrac{3}{\dot{Z}_1 + \dot{Z}_2 + \dot{Z}_0} E_\mathrm{f}$ (9.39)

b 相健全相電圧 $\quad \dot{V}_\mathrm{b} = \dfrac{(\lambda^2 - \lambda)\,\dot{Z}_2 + (\lambda^2 - 1)\,\dot{Z}_0}{\dot{Z}_1 + \dot{Z}_2 + \dot{Z}_0} E_\mathrm{f}$ (9.40)

c 相健全相電圧 $\quad \dot{V}_\mathrm{c} = \dfrac{(\lambda - \lambda^2)\,\dot{Z}_2 + (\lambda - 1)\,\dot{Z}_0}{\dot{Z}_1 + \dot{Z}_2 + \dot{Z}_0} E_\mathrm{f}$ (9.41)

このａ相地絡電流 $\dot{I}_\mathrm{a}$ は，三相地絡電流 $\dot{I}_\mathrm{abc}$ と比較すると

$$|\dot{I}_\mathrm{a}| = \frac{3}{|\dot{Z}_1 + \dot{Z}_2 + \dot{Z}_0|} E_\mathrm{f} > \frac{E_\mathrm{f}}{|\dot{Z}_1|} = |\dot{I}_\mathrm{abc}| \tag{9.42}$$

となるが，これは同期機の対称分インピーダンスにおいて

$$|\dot{Z}_1| > |\dot{Z}_2|, \quad |\dot{Z}_1| > |\dot{Z}_0| \tag{9.43}$$

が成立するからである．また，健全相電圧 $\dot{V}_\mathrm{b}$ と健全相電圧 $\dot{V}_\mathrm{c}$ は，それぞれ元の三相平衡状態の b, c 相電圧 $\lambda^2 E_\mathrm{f}$, λE_f から大きさ，位相とも変化していることがわかる．

　上述の (iii) において (9.24)〜(9.29) 式を解いて対称分の電圧，電流を求めることは，図 9.3 の同期機の対称分等価回路を故障条件に基づいて接続し，その回路を解くことと同じである．故障条件は，(9.24) 式と (9.33) 式で表されるので，図 9.6 のように対称分回路を接続することになる．

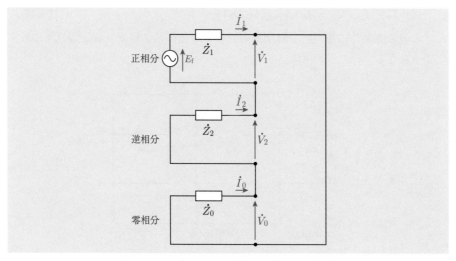

図 9.6 ａ相一線地絡故障の対称分回路接続

9.4.2　bc 相二線地絡故障

図 9.7 に示す bc 相二線地絡故障では，次のように計算する.

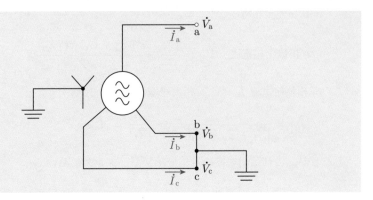

図 9.7　無負荷同期機の bc 相二線地絡故障

（ⅰ）　故障条件は $\dot{I}_a = 0$, $\dot{V}_b = 0$, $\dot{V}_c = 0$ である.

（ⅱ）　故障条件を対称分に変換する.

$$\dot{I}_a = \dot{I}_0 + \dot{I}_1 + \dot{I}_2 = 0$$
$$\dot{V}_b = \dot{V}_0 + \lambda^2 \dot{V}_1 + \lambda \dot{V}_2 = 0 \tag{9.44}$$
$$\dot{V}_c = \dot{V}_0 + \lambda \dot{V}_1 + \lambda^2 \dot{V}_2 = 0$$

（ⅲ）　前節と同様にして，故障条件を整理すると次式になる.

$$\dot{I}_0 + \dot{I}_1 + \dot{I}_2 = 0, \quad \dot{V}_0 = \dot{V}_1 = \dot{V}_2 \tag{9.45}$$

　この故障条件に基づいて同期機の対称分等価回路を接続すると図 9.8 に示すようになる.

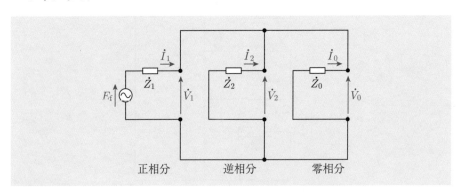

図 9.8　bc 相二線地絡故障の対称分回路接続

これから $\dot{I}_0, \dot{I}_1, \dot{I}_2, \dot{V}_0, \dot{V}_1, \dot{V}_2$ を求めると

$$\dot{I}_1 = \frac{E_{\mathrm{f}}}{\dot{Z}_1 + \frac{\dot{Z}_2 \dot{Z}_0}{\dot{Z}_2 + \dot{Z}_0}} = \frac{\dot{Z}_2 + \dot{Z}_0}{\dot{Z}_1 \dot{Z}_2 + \dot{Z}_1 \dot{Z}_0 + \dot{Z}_2 \dot{Z}_0} E_{\mathrm{f}} \tag{9.46}$$

$$\dot{I}_2 = -\frac{\dot{Z}_0}{\dot{Z}_1 \dot{Z}_2 + \dot{Z}_1 \dot{Z}_0 + \dot{Z}_2 \dot{Z}_0} E_{\mathrm{f}} \tag{9.47}$$

$$\dot{I}_0 = -\frac{\dot{Z}_2}{\dot{Z}_1 \dot{Z}_2 + \dot{Z}_1 \dot{Z}_0 + \dot{Z}_2 \dot{Z}_0} E_{\mathrm{f}} \tag{9.48}$$

$$\dot{V}_1 = E_{\mathrm{f}} - \dot{Z}_1 \dot{I}_1 = \frac{\dot{Z}_2 \dot{Z}_0}{\dot{Z}_1 \dot{Z}_2 + \dot{Z}_1 \dot{Z}_0 + \dot{Z}_2 \dot{Z}_0} E_{\mathrm{f}} = \dot{V}_2 = \dot{V}_0 \tag{9.49}$$

（iv） 健全相電圧 $\dot{V}_{\mathrm{a}}$ を求めると次式になる.

$$\dot{V}_{\mathrm{a}} = \dot{V}_0 + \dot{V}_1 + \dot{V}_2 = \frac{3\dot{Z}_2 \dot{Z}_0}{\dot{Z}_1 \dot{Z}_2 + \dot{Z}_1 \dot{Z}_0 + \dot{Z}_2 \dot{Z}_0} E_{\mathrm{f}} \tag{9.50}$$

b, c 相地絡電流の計算は省略する. 各自で計算されたい.

9.4.3 そのほかの地絡，短絡故障の計算

9.4.1 で述べた a 相一線地絡故障以外の b 相や c 相での一線地絡故障や 9.4.2 で述べた bc 相二線地絡故障以外の ab 相や ac 相での二線地絡故障，短絡故障もこれまでと同様の手順で計算ができる.

（i） a, b, c 相成分を用いて故障条件を 3 つ作成する.

（ii） (i) の故障条件を対称分に変換する.

（iii） (ii) の故障条件に同期機の基本 (9.20) 式を加えた 6 つの式から，各対称分の電圧，電流（6 つ）を求める.

（iv） (iii) で求めた電圧，電流を a, b, c 相成分に変換する.

しかし，この (ii) で求めた対称成分で表した故障条件から同期機の対称分等価回路を接続するには，**移相変圧器**を導入することが必要となるのでここでは触れないが，本章の章末の問題 2 を参照されたい.

9.5　送電系統の対称分モデル

9.5.1　送電線の対称分回路

送電線は完全撚架されているとし，図 9.9 に示すように π 形等価回路を用いる．送電線が完全撚架されていない場合は，対称座標法を用いることができず，相座標法などを用いる．これは専門書に譲る．

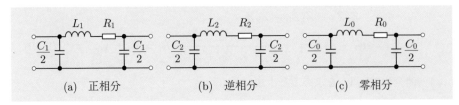

図 9.9　送電線対称分回路

(1)　インダクタンス

　正相分と逆相分は a, b, c 相の順序が異なる三相平衡電流が送電線に流れるだけなので，正相分と逆相分のインダクタンスの値は等しくなる．つまり $L_1 = L_2$ となる．零相分においては，a, b, c 相すべてに同じ大きさの同相の電流が流れるため正相分，逆相分の場合とは異なる．インダクタンスの計算においては，イメージ的には図 9.10 に示すように，正相分，逆相分では仮想の中性線を帰路と考えるので，この中性線と線路の間の平面を鎖交する磁束を考えればよいのに対して，零相分は大地を帰路とするため大地中の等価帰路と線路の間の平面を鎖交する磁束を考える必要があるため鎖交磁束は大きくなり，零相分のインダクタンスは正相分，逆相分に比べてかなり大きくなる．つまり，$L_1 = L_2 \ll L_0$ が成立する．これは，同じ電圧に対して零相分電流は正相分，逆相分電流に比べて流れにくいということを意味する．インダクタンスの具体的な計算式については，4 章を参照されたい．

(2)　キャパシタンス

　正相分と逆相分は a, b, c 相の順序が異なる三相平衡電圧が印加されるだけなので，正相分と逆相分のキャパシタンスの値は等しくなる．つまり $C_1 = C_2$ となる．図 9.11 に示すように，正相分，逆相分では線間に電圧差が存在するので，線間のキャパシタンス C_m を考慮する必要があり，Δ 結線された C_m に Δ–Y 変換を行うと一相当たりの等価的な対地キャパシタンスは $3C_\mathrm{m}$ となる．したがって，対地キャパシタンス C_e とあわせて，$C_1 = C_2 = 3C_\mathrm{m} + C_\mathrm{e}$ となる．これを**作用容量**（または**作用静電容量**）という．一方，零相分では a, b, c 相すべてに同じ大きさの

同相の電圧が印加されるので，線間のキャパシタンス C_m は存在しない．よって一相当たりの対地キャパシタンスは $C_0 = C_e$ となり，零相分のキャパシタンスは正相分，逆相分に比べて小さくなる．つまり $C_1 = C_2 > C_0$ が成立する．

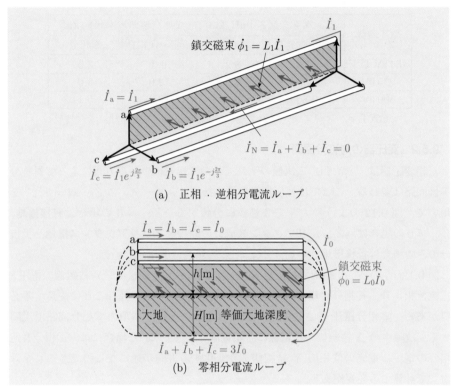

(a) 正相・逆相分電流ループ

(b) 零相分電流ループ

図 9.10 送電線の対称分電流による鎖交磁束

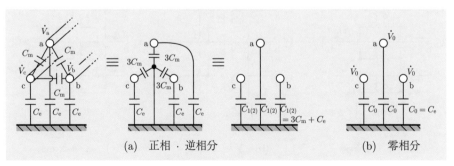

(a) 正相・逆相分　　　　　　(b) 零相分

図 9.11 送電線の対称分電圧に対するキャパシタンス

(3)　抵抗

正相分，逆相分，零相分とも同じになり，$R_1 = R_2 = R_0$ が成立する．

送電線のインダクタンス，キャパシタンスの概数値を表 9.2 に示す．

表 9.2　2 回線送電線の正相・逆相分，零相分概数値

電圧階級	インダクタンス [mH/km]		キャパシタンス [nF/km]	
	正相・逆相分	零相分	正相・逆相分	零相分
154 kV 以下	1.30	8.2	9.0	3.5
275 kV	0.96	3.9	12.0	5.0
500 kV	0.86	3.6	12.3	5.1

（電気工学ハンドブック（第 7 版）（電気学会編，オーム社）より作成）

9.5.2　変圧器の対称分回路

三相変圧器は，一次側，二次側のそれぞれの三相巻線の結線方式によって対称分等価回路は変わる．ここでは変圧器の中性点接地インピーダンス $\dot{Z}_{Ni}$ $(i = 1, 2)$ を用いて，図 9.12 のように大きく 3 種類に分類する．$\dot{Z}_{Ni} = 0$ の場合は**直接接地**，$\dot{Z}_{Ni} \neq 0$ の場合は，$\dot{Z}_{Ni}$ がリアクタンス成分のみのときは**リアクタンス接地**，抵抗分のみの場合は**抵抗接地**といい，$\dot{Z}_{Ni} = \infty$ の場合は**非接地**という．

図 9.12(b) の Y–Δ 結線では，Δ 結線側の電圧・電流位相が，Y 結線側の電圧・電流位相より，正相分の場合は $\frac{\pi}{6}$ 遅れ，逆相分の場合は $\frac{\pi}{6}$ 進むことに注意する必要がある．零相分電流が Δ 結線側には流れないことは，本項の零相分回路で説明する．故障中の Δ 結線側の送電線の各相電流・電圧を求める場合には，正相分と逆相分の電圧・電流の位相の Y 結線側より変化する方向が逆になるので，これを考慮して計算する必要がある．

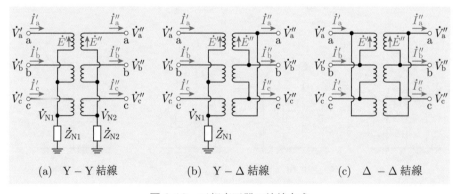

(a)　Y – Y 結線　　　(b)　Y – Δ 結線　　　(c)　Δ – Δ 結線

図 9.12　三相変圧器の結線方式

(1) 正相分, 逆相分回路

正相分, 逆相分電流がそれぞれ三相変圧器に流れる場合, どの結線方式でも, 中性点（Δ 結線の場合は仮想中性点）で電流の総和は零になるので中性点電圧 $\dot{V}_{\mathrm{N}}$ も零（大地電圧）となり, Y 結線では中性点接地インピーダンス $\dot{Z}_{\mathrm{N}}$ の影響はなく, 6 章で説明したように, 正相分, 逆相分回路は, 図 6.7 の漏れリアクタンス x_ℓ のみの等価回路（単位法表示）となる.

(2) 零相分回路

零相分電流が三相変圧器に流れる場合, 中性点から大地に流れる電流は零にはならず, 零相分電流の 3 倍になるので中性点電圧 $\dot{V}_{\mathrm{N}}$ は $\dot{V}_{\mathrm{N}} = 3\dot{I}_0\dot{Z}_{\mathrm{N}}$ となり, 中性点接地インピーダンス $\dot{Z}_{\mathrm{N}}$ の影響を受ける. 結線方式それぞれについて説明する.

（ i ） **Y–Y 結線** 図 9.13 のように一次側, 二次側それぞれの中性点接地インピーダンスを $\dot{Z}_{\mathrm{N}1}, \dot{Z}_{\mathrm{N}2}$ とする. 零相分を考えているため a, b, c 相の電圧の大きさ, 位相は等しくなるので, 一次側端子の電圧, 電流を $\dot{V}_0', \dot{I}_0'$, 二次側端子の電圧, 電流を $\dot{V}_0'', \dot{I}_0''$ とし, 単相変圧器の一次側電圧, 二次側電圧を $\dot{E}', \dot{E}''$ とする. 一次側, 二次側では

$$\dot{V}_0' = \dot{E}' + 3\dot{Z}_{\mathrm{N}1}\dot{I}_0' \tag{9.51}$$

$$\dot{V}_0'' = \dot{E}'' - 3\dot{Z}_{\mathrm{N}2}\dot{I}_0'' \tag{9.52}$$

が成立する. 単相変圧器の一次側電圧と二次側電圧の関係は, 単位法を用いる

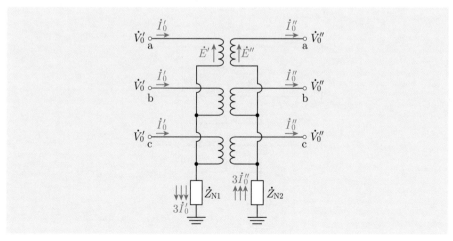

図 9.13 Y–Y 結線三相変圧器

と，漏れリアクタンス x_ℓ のみを考えて，$\dot{I}'_0 = \dot{I}''_0$ となるので

$$\dot{E}' = \dot{E}'' + jx_\ell \dot{I}'_0 \tag{9.53}$$

である．以上の 3 つの (9.51)～(9.53) 式より

$$\begin{aligned}
\dot{V}'_0 &= \dot{E}' + 3\dot{Z}_{N1}\dot{I}'_0 = \dot{E}'' + jx_\ell \dot{I}'_0 + 3\dot{Z}_{N1}\dot{I}'_0 \\
&= \dot{V}''_0 + 3\dot{Z}_{N2}\dot{I}''_0 + jx_\ell \dot{I}'_0 + 3\dot{Z}_{N1}\dot{I}'_0 \\
&= \dot{V}''_0 + \left(3\dot{Z}_{N2} + jx_\ell + 3\dot{Z}_{N1}\right)\dot{I}'_0
\end{aligned} \tag{9.54}$$

が得られ，零相分回路（a 相成分）は図 9.14 となる．

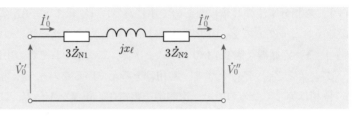

図 9.14　Y–Y 結線零相分回路

（ii）　**Y–Δ 結線**　図 9.15 のように一次側の接地インピーダンスを $\dot{Z}_{N1}$ とし，二次側に Δ 結線を考え，Y–Y 結線と同様に一次側，二次側端子の電圧，電流，単相変圧器電圧を定義すると，二次巻線に誘起される電流は，Δ 結線内の循環電流 $\dot{I}''$（単位法では $\dot{I}'' = \dot{I}'_0$）となり，これは変圧器の二次側には流れ出ず，また

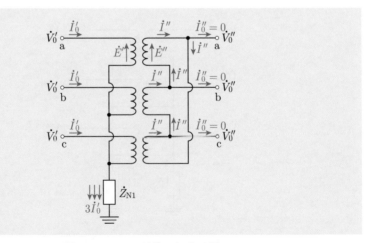

図 9.15　Y–Δ 結線三相変圧器

単相変圧器の二次側電圧 $\dot{E}''$ は，Δ 結線内のキルヒホッフの電圧則から $\dot{E}'' = 0$ となる．これは，単相変圧器の二次側巻線誘起電圧が二次側の漏れリアクタンス電圧降下 $jx_{\ell 2}\dot{I}''$（$x_{\ell 2}$ は変圧器二次側漏れリアクタンス）で打ち消されることを示している．したがって

$$\dot{V}_0' = \dot{E}' + 3\dot{Z}_{N1}\dot{I}_0' \tag{9.55}$$

$$\dot{E}' = 0 + jx_\ell \dot{I}_0' \tag{9.56}$$

となり

$$\dot{V}_0' = \dot{E}' + 3\dot{Z}_{N1}\dot{I}_0' = jx_\ell \dot{I}_0' + 3\dot{Z}_{N1}\dot{I}_0' = \left(jx_\ell + 3\dot{Z}_{N1}\right)\dot{I}_0' \tag{9.57}$$

が得られる．零相分回路（a 相成分）は図 9.16 となる．

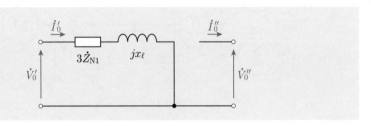

図 9.16 Y–Δ 結線零相分回路

(iii) **Δ–Δ 結線** 一次側，二次側とも Δ 結線で，キルヒホッフの電流則より，零相分電流は流れないので零相分回路（a 相成分）は図 9.17 となる．

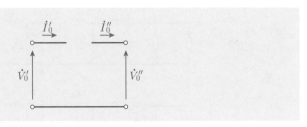

図 9.17 Δ–Δ 結線零相分回路

9.6 送電系統の非対称故障

9.6.1 送電系統の対称分回路と故障発生用端子

図 9.18 に示す送電系統の点 F で非対称故障が発生することを考える．対称分回路は図 9.19 のようになる．三相平衡負荷が接続された定常状態では，正相分回路にのみ電流が流れ，ほかの対称分回路には流れない．また，発電機端の変圧器の一次側（発電機側）を Δ 結線とすると，9.2 節の同期機の対称分回路で述べたように，

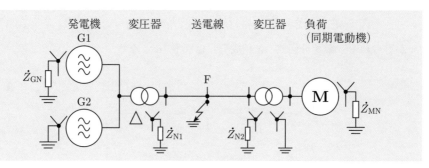

図 9.18 送電系統

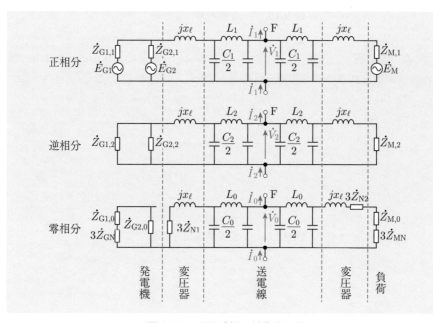

図 9.19 送電系統の対称分回路

非対称故障により逆相分電流が流れ第3高調波電圧が発生しても，それによる第3高調波電流は零相分電流と同様の同相の電流となるので二次側に流れ出ないことがわかる．

さて，送電系統の故障条件は，図9.20 に示すように，点 F に故障発生用の端子を仮想的に設け，そこを流れる電流と電圧を用いて表す．故障発生用端子は，対称分回路では図9.19 に示すようになる．点 F で故障が発生すると，図9.20 に示すように電流 $\dot{I}_a$, $\dot{I}_b$, $\dot{I}_c$ が流れ出るが，これらを対称分に変換すると図9.19 の $\dot{I}_1$, $\dot{I}_2$, $\dot{I}_0$ となる．この故障電流 $\dot{I}_a$, $\dot{I}_b$, $\dot{I}_c$ は点 F から負荷に向かって流れる送電線電流とは異なることに注意を要する．点 F の電圧 $\dot{V}_a$, $\dot{V}_b$, $\dot{V}_c$ を対称分に変換すると図9.19 の $\dot{V}_1$, $\dot{V}_2$, $\dot{V}_0$ となる．

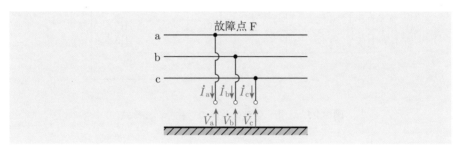

図 9.20　故障発生用端子

9.6.2　a 相一線地絡故障

送電系統の点 F での a 相一線地絡故障を考える．図9.20 での故障条件は次のように表される．

$$\dot{V}_a = 0, \quad \dot{I}_b = 0, \quad \dot{I}_c = 0 \tag{9.58}$$

(9.58) 式を対称分に変換すると，無負荷同期機の a 相一線地絡故障の場合と同様に

$$\dot{V}_0 + \dot{V}_1 + \dot{V}_2 = 0, \quad \dot{I}_0 = \dot{I}_1 = \dot{I}_2 \tag{9.59}$$

となり，図9.19 の対称分回路を，(9.59) 式を満足するように接続すると図9.21 のようになる．この回路において任意の地点の対称分電圧，電流を求めれば，それを a, b, c 相に変換することにより送電系統の任意の地点の電圧，電流を求めることができる．鳳–テブナンの定理を用いると図9.21 は図9.22 になり，点 F における故障電流 $\dot{I}_a$，健全相電圧 $\dot{V}_b$, $\dot{V}_c$ は，無負荷同期機の a 相一線地絡故障の場合と同

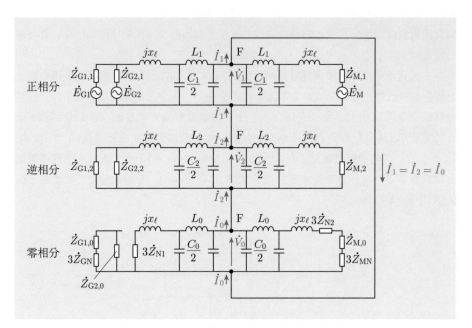

図 9.21 a 相一線地絡故障の対称分回路接続

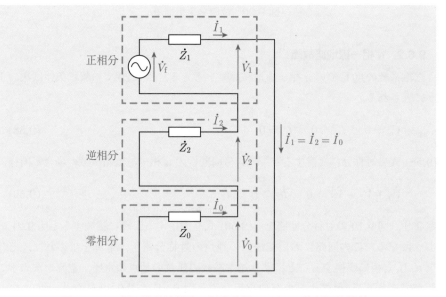

図 9.22 a 相一線地絡故障の対称分鳳–テブナン等価回路接続

様に計算ができる．ここで，故障発生前の点 F における a 相電圧（正相分電圧）を $\dot{V}_\mathrm{f}$，点 F から見た図 9.21 の各対称分回路のインピーダンスをそれぞれ $\dot{Z}_1, \dot{Z}_2, \dot{Z}_0$ とする．対称分故障電流は，

$$\dot{I}_0 = \dot{I}_1 = \dot{I}_2 = \frac{\dot{V}_\mathrm{f}}{\dot{Z}_1 + \dot{Z}_2 + \dot{Z}_0} \tag{9.60}$$

となり，次式の a 相故障電流が得られる．

$$\dot{I}_\mathrm{a} = \frac{3}{\dot{Z}_1 + \dot{Z}_2 + \dot{Z}_0} \dot{V}_\mathrm{f} \tag{9.61}$$

9.6.3　インピーダンスを介した故障（a 相一線地絡故障）

　送電線の地絡故障では，雷撃により送電鉄塔においてフラッシオーバが発生するので，そのアークの抵抗や鉄塔の抵抗，塔脚接地抵抗などを考慮する必要がある．図 9.23 に示すように，点 F でインピーダンス $\dot{Z}_\mathrm{f}$ を介して a 相一線地絡故障が発生したとすると，故障条件は

$$\dot{V}_\mathrm{a} = \dot{Z}_\mathrm{f} \dot{I}_\mathrm{a}, \quad \dot{I}_\mathrm{b} = 0, \quad \dot{I}_\mathrm{c} = 0 \tag{9.62}$$

となり，対称分に変換すると

$$\dot{V}_0 + \dot{V}_1 + \dot{V}_2 = 3\dot{Z}_\mathrm{f}\dot{I}_1, \quad \dot{I}_0 = \dot{I}_1 = \dot{I}_2 \tag{9.63}$$

となるので，図 9.24 のように対称分鳳–テブナン等価回路を接続するとよい．したがって，a 相故障電流は

$$\dot{I}_\mathrm{a} = \frac{3}{\dot{Z}_1 + \dot{Z}_2 + \dot{Z}_0 + 3\dot{Z}_\mathrm{f}} \dot{V}_\mathrm{f} \tag{9.64}$$

となる．

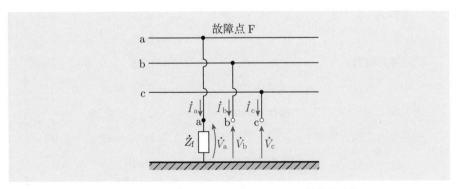

図 9.23　インピーダンスを介した a 相一線地絡故障

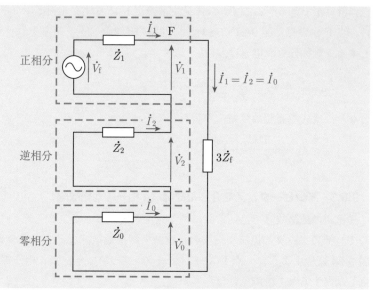

図 9.24 インピーダンスを介した a 相一線地絡故障の
対称分鳳‒テブナン等価回路接続

例題 9.1

　下の図に示す 154 kV 三相送電系統において，点 F で a 相一線地絡故障が発生した場合の故障電流の値を求めよ．なお，故障点 F における故障発生前の電圧は 151 kV であった．ただし，送電線の抵抗分，静電容量分は無視する．単位法の基準容量，基準電圧はそれぞれ 50 MV·A，154 kV とする．各機器のインピーダンス（単位法表示）を以下に示す．

発電機 A： 　　　　　　　正相リアクタンス $x_{A1} = 0.25$

　　　　　　　　　　　　　逆相リアクタンス $x_{A2} = 0.25$

同期電動機 B： 　　　　　正相リアクタンス $x_{B1} = 0.35$

　　　　　　　　　　　　　逆相リアクタンス $x_{B2} = 0.35$

変圧器： 　　　　　　　　漏れリアクタンス $x_{TA} = x_{TB} = 0.06$

点 F より左側送電線：　　正相・逆相リアクタンス $x_{LA1} = x_{LA2} = 0.05$

　　　　　　　　　　　　　零相リアクタンス $x_{LA0} = 0.20$

点 F より右側送電線：　正相・逆相リアクタンス $x_{\mathrm{LB1}} = x_{\mathrm{LB2}} = 0.04$

零相リアクタンス $x_{\mathrm{LB0}} = 0.16$

中性点設置リアクトル：リアクタンス $x_{\mathrm{N}} = 0.10$

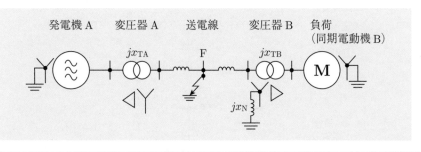

発電機 A　　変圧器 A　　送電線　　変圧器 B　負荷
（同期電動機 B）

【解答】　正相分，逆相分，零相分回路は下の図に示す通りである．それぞれの対称分の鳳–テブナン等価回路を求める．故障点 F から左側を見た正相インピーダンスは

$$\dot{Z}_{\mathrm{A1}} = jx_{\mathrm{A1}} + jx_{\mathrm{TA}} + jx_{\mathrm{LA1}} = j(0.25 + 0.06 + 0.05) = j\,0.36$$

故障点 F から右側を見た正相インピーダンスは

$$\dot{Z}_{\mathrm{B1}} = jx_{\mathrm{B1}} + jx_{\mathrm{TB}} + jx_{\mathrm{LB1}} = j(0.35 + 0.06 + 0.04) = j\,0.45$$

したがって，故障点 F から見た正相分回路のインピーダンスは

$$\dot{Z}_1 = \frac{\dot{Z}_{\mathrm{A1}}\dot{Z}_{\mathrm{B1}}}{\dot{Z}_{\mathrm{A1}} + \dot{Z}_{\mathrm{B1}}} = \frac{j\,0.36 \times j\,0.45}{j\,0.36 + j\,0.45} = j\,0.2$$

故障点 F での正相分回路の故障発生前の電圧は

$$\dot{V}_{\mathrm{f}} = \frac{151}{154} = 0.98\,[\mathrm{p.u.}]$$

故障点 F から見た逆相分回路のインピーダンスも，正相分回路と同じになり

$$\dot{Z}_2 = j\,0.2$$

故障点 F から見た零相分回路のインピーダンスは

$$\dot{Z}_0 = jx_{\mathrm{LB0}} + jx_{\mathrm{TB}} + j3x_{\mathrm{N}} = j(0.16 + 0.06 + 3 \times 0.1) = j\,0.52$$

したがって，点 F での a 相一線地絡故障は，図 9.22 の結線になり，故障電流は

$$\dot{I}_{\mathrm{a}} = \frac{3\dot{V}_{\mathrm{f}}}{\dot{Z}_1 + \dot{Z}_2 + \dot{Z}_0} = \frac{3 \times 0.98}{j\,0.2 + j\,0.2 + j\,0.52} = \frac{2.94}{j\,0.92} = -j\,3.20$$

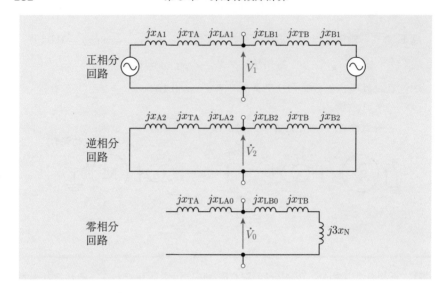

基準電流は，$I = \dfrac{50\,[\mathrm{MV \cdot A}]}{\sqrt{3} \times 154\,[\mathrm{kV}]} = 0.187\,[\mathrm{kA}]$.

$$\therefore \quad \left|\dot{I}_{\mathrm{a}}\right| = 3.20 \times 187 \cong 598\,[\mathrm{A}]$$

9.6.4　断線故障（a 相断線故障）

　送電線が断線する故障が発生することもある．この場合の故障条件は，図 9.25 に示すように，断線故障地点で系統をまず 2 分して，断線していない相の 2 系統の故障用端子を接続する，つまり短絡させることを考える．送電系統が 2 つできるので，故障条件は 6 つになる．図 9.25 に示すように，点 F で a 相断線故障が発生したとすると，故障条件は

$$\dot{I}_{\mathrm{a}}' = 0, \quad \dot{I}_{\mathrm{a}}'' = 0, \quad \dot{I}_{\mathrm{b}}' + \dot{I}_{\mathrm{b}}'' = 0,$$
$$\dot{I}_{\mathrm{c}}' + \dot{I}_{\mathrm{c}}'' = 0, \quad \dot{V}_{\mathrm{b}}' = \dot{V}_{\mathrm{b}}'', \quad \dot{V}_{\mathrm{c}}' = \dot{V}_{\mathrm{c}}'' \tag{9.65}$$

となり，対称分に変換すると

$$\dot{I}_0' + \dot{I}_1' + \dot{I}_2' = 0, \quad \dot{I}_0'' + \dot{I}_1'' + \dot{I}_2'' = 0 \tag{9.66}$$

$$\left(\dot{I}_0' + \dot{I}_0''\right) + \lambda^2 \left(\dot{I}_1' + \dot{I}_1''\right) + \lambda \left(\dot{I}_2' + \dot{I}_2''\right) = 0 \tag{9.67}$$

$$\left(\dot{I}_0' + \dot{I}_0''\right) + \lambda \left(\dot{I}_1' + \dot{I}_1''\right) + \lambda^2 \left(\dot{I}_2' + \dot{I}_2''\right) = 0 \tag{9.68}$$

$$\left(\dot{V}_0' - \dot{V}_0''\right) + \lambda^2 \left(\dot{V}_1' - \dot{V}_1''\right) + \lambda \left(\dot{V}_2' - \dot{V}_2''\right) = 0 \tag{9.69}$$

$$\left(\dot{V}_0' - \dot{V}_0''\right) + \lambda \left(\dot{V}_1' - \dot{V}_1''\right) + \lambda^2 \left(\dot{V}_2' - \dot{V}_2''\right) = 0 \tag{9.70}$$

となる．(9.66)〜(9.68) 式，(9.69) 式と (9.70) 式からそれぞれ

$$\dot{I}_0' + \dot{I}_0'' = \dot{I}_1' + \dot{I}_1'' = \dot{I}_2' + \dot{I}_2'' = 0 \tag{9.71}$$

$$\dot{V}_0' - \dot{V}_0'' = \dot{V}_1' - \dot{V}_1'' = \dot{V}_2' - \dot{V}_2'' \tag{9.72}$$

が得られるので，(9.66) 式，(9.71) 式，(9.72) 式を満足するには，図 9.26 のように 6 つの対称分回路を接続すればよい．

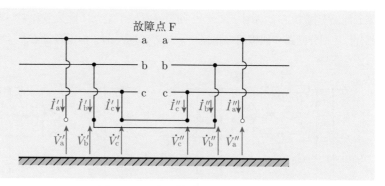

図 9.25 a 相断線故障

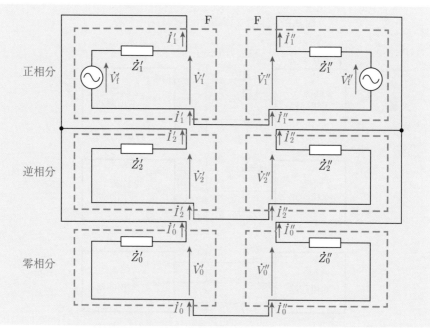

図 9.26 a 相断線故障の対称分鳳–テブナン等価回路接続

9.7 並行 2 回線送電線の非対称故障

9.7.1 並行 2 回線送電線をもつ送電系統の対称分等価回路

一般に送電線は並行 2 回線送電線となっていることが多い．ここでは，並行 2 回線間に相互インダクタンスおよび静電容量が存在する場合について扱う．また，2 つの並行送電線は，同一の線路定数をもつものとする．並行 2 回線送電線の対称分等価回路を図 9.27 に示す．この 2 回線送電線が完全に撚架されている場合は，正相分，逆相分回路の回線間の相互インダクタンス M，静電容量 C_m は零となる．前

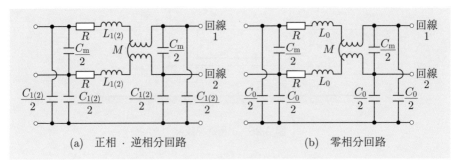

(a) 正相・逆相分回路　　　　　　(b) 零相分回路

図 9.27 並行 2 回線送電線の対称分回路

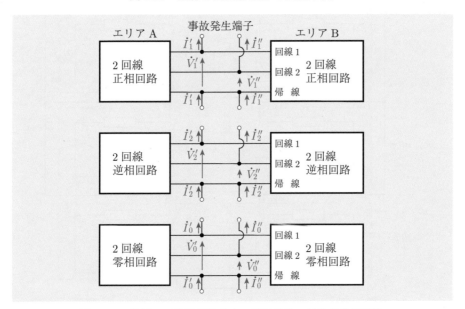

図 9.28 並行 2 回線送電線をもつ送電系統の対称分等価回路

節での考え方をそのまま使うと，2回線送電線で非対称故障が発生したとき，故障
発生用端子でのa, b, c相成分の電圧，電流を用いて故障条件を定式化し，それを2
回線の対称分に変換した式に基づいて図 9.28 に示す対称分送電系統の各端子を接
続すればよい．この並行2回線をもつ送電系統の対称分等価回路をそのまま用いた
解析は複雑になるので，これを簡単にするために次節に示す**二相回路法**を用いる．

9.7.2 二相回路法

次の式で定義された新たな変数 $(\dot{V}_{01}, \dot{I}_{01})$, $(\dot{V}_{02}, \dot{I}_{02})$, $(\dot{V}_{11}, \dot{I}_{11})$, $(\dot{V}_{12}, \dot{I}_{12})$,
$(\dot{V}_{21}, \dot{I}_{21})$, $(\dot{V}_{22}, \dot{I}_{22})$ を導入すると，図 9.28 の各対称分等価回路はそれぞれ図 9.29
に示す各対称分の第1回路，第2回路で表される．図 9.29 の第1回路と第2回路
を重ね合わせると，図 9.28 の各対称成分の回路になることがわかる．

$$\dot{V}_{11} = \frac{\dot{V}_1' + \dot{V}_1''}{2}, \quad \dot{V}_{12} = \frac{\dot{V}_1' - \dot{V}_1''}{2}$$

$$\dot{V}_{21} = \frac{\dot{V}_2' + \dot{V}_2''}{2}, \quad \dot{V}_{22} = \frac{\dot{V}_2' - \dot{V}_2''}{2} \tag{9.73}$$

$$\dot{V}_{01} = \frac{\dot{V}_0' + \dot{V}_0''}{2}, \quad \dot{V}_{02} = \frac{\dot{V}_0' - \dot{V}_0''}{2}$$

$$\dot{I}_{11} = \frac{\dot{I}_1' + \dot{I}_1''}{2}, \quad \dot{I}_{12} = \frac{\dot{I}_1' - \dot{I}_1''}{2}$$

$$\dot{I}_{21} = \frac{\dot{I}_2' + \dot{I}_2''}{2}, \quad \dot{I}_{22} = \frac{\dot{I}_2' - \dot{I}_2''}{2} \tag{9.74}$$

$$\dot{I}_{01} = \frac{\dot{I}_0' + \dot{I}_0''}{2}, \quad \dot{I}_{02} = \frac{\dot{I}_0' - \dot{I}_0''}{2}$$

または，

$$\dot{V}_1' = \dot{V}_{11} + \dot{V}_{12}, \quad \dot{V}_1'' = \dot{V}_{11} - \dot{V}_{12}$$

$$\dot{V}_2' = \dot{V}_{21} + \dot{V}_{22}, \quad \dot{V}_2'' = \dot{V}_{21} - \dot{V}_{22} \tag{9.75}$$

$$\dot{V}_0' = \dot{V}_{01} + \dot{V}_{02}, \quad \dot{V}_0'' = \dot{V}_{01} - \dot{V}_{02}$$

$$\dot{I}_1' = \dot{I}_{11} + \dot{I}_{12}, \quad \dot{I}_1'' = \dot{I}_{11} - \dot{I}_{12}$$

$$\dot{I}_2' = \dot{I}_{21} + \dot{I}_{22}, \quad \dot{I}_2'' = \dot{I}_{21} - \dot{I}_{22} \tag{9.76}$$

$$\dot{I}_0' = \dot{I}_{01} + \dot{I}_{02}, \quad \dot{I}_0'' = \dot{I}_{01} - \dot{I}_{02}$$

図 9.29 は，故障発生用端子をまだ2組もっており，回路が回線1と回線2で表
されている．これを1回線単相回路で表すことにする．

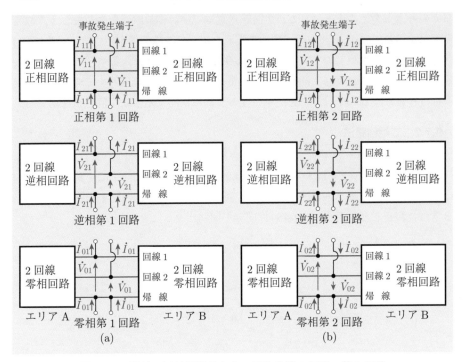

図 9.29　並行 2 回線送電線をもつ対称分第 1 回路，第 2 回路

(1)　**正相第 1 回路**　2 回線送電線は完全撚架を仮定しており，正相，逆相成分に対しては，回線間の相互インダクタンス M，静電容量 C_m が零となるので，図 9.30 の 2 回線回路から 1 回線回路で表すと図 9.31 となる．変圧器は，送電線の回線 1 と回線 2 の電流が加算されたものが流れ，1 回線の送電線電流の 2 倍の電流が流れるので，1 回線回路で表すと漏れインダクタンスが 2 倍となる．同期発電機の正相リアクタンスも同様に 2 倍となる．

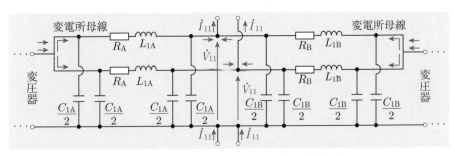

図 9.30　送電線の正相第 1 回路（2 回線表示）

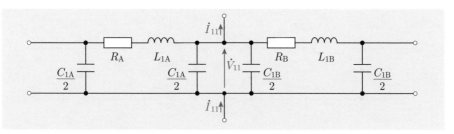

図 9.31　送電線の正相第 1 回路（1 回線表示）

(2)　**正相第 2 回路**　2 回線送電線は完全撚架を仮定しており，図 9.32 に示すように，電流は回線 1 と回線 2 を循環することになり変電所母線から変圧器など外部には流れ出ない．したがって，1 回線回路で表すと送電線の変電所母線端が短絡された図 9.33 となる．変圧器，同期発電機には電流が流れないので，その回路は考慮しなくてよい．

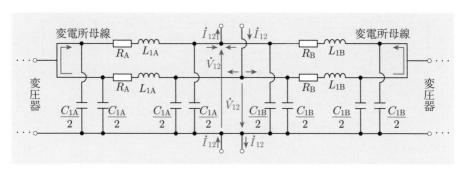

図 9.32　送電線の正相第 2 回路（2 回線表示）

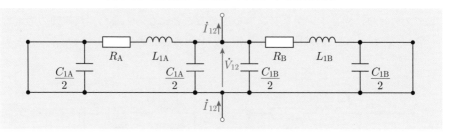

図 9.33　送電線の正相第 2 回路（1 回線表示）

(3)　**逆相第 1 回路**　送電線の逆相第 1 回路は，正相第 1 回路と同一の構成になり，図 9.34 となる．変圧器は，漏れインダクタンスが 2 倍となり，同期発電機の逆相リアクタンスも同様に 2 倍となる．

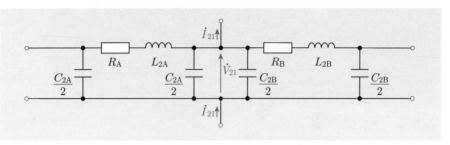

図 9.34 送電線の逆相第 1 回路（1 回線表示）

(4) **逆相第 2 回路**　送電線の逆相第 2 回路は正相第 2 回路と同一の構成になり，図 9.35 となる．変圧器，同期発電機には電流が流れないので，その回路は考慮しなくてよい．

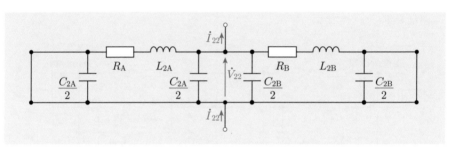

図 9.35 送電線の逆相第 2 回路（1 回線表示）

(5) **零相第 1 回路**　正相，零相と異なり，2 回線送電線が完全撚架されていても回線間の相互インダクタンス M_A, M_B は存在し，等価的にはそれぞれの自己インダクタンスに相互インダクタンスを加えることになる．また，回線間の静電容量 C_{mA}, C_{mB} は，回線間にかかる電圧が 0 となるために $C_{mA} = C_{mB} = 0$ と考

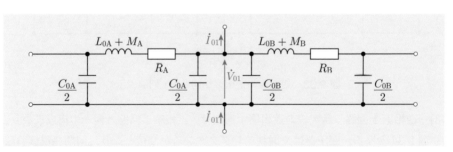

図 9.36 送電線の零相第 1 回路（1 回線表示）

えてよい．したがって，1回線表示すると図 9.36 となる．変圧器は，正相，逆相と同様に漏れリアクタンスおよび中性点インピーダンスが2倍となり，同期発電機の零相リアクタンスも2倍となる．

(6) **零相第2回路** 電流は，図 9.37 に示すように回線1と回線2を循環することになり，変電所母線から外部には流れ出ない．また，回線間の相互インダクタンス M_A, M_B が存在し，回線1と回線2に流れる電流の向きが反対になるために，等価的にはそれぞれの自己インダクタンスから相互インダクタンスを引くことになる．また，回線間の静電容量 C_{mA}, C_{mB} は，回線間にかかる電圧は中性点からの電圧の2倍となっているため，等価的に2倍の静電容量になる．したがって，1回線表示すると図 9.38 となる．変圧器，同期発電機には電流が流れないので，その回路は考慮しなくてよい．

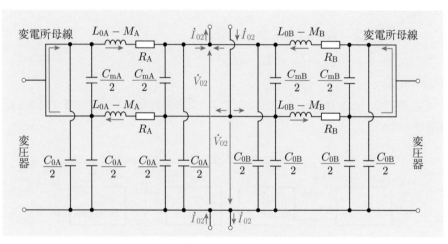

図 9.37 送電線の零相第2回路（2回線表示）

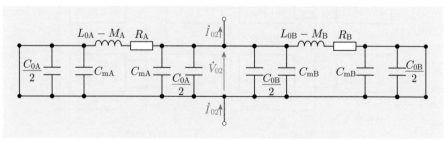

図 9.38 送電線の零相第2回路（1回線表示）

9.7.3　並行 2 回線送電線の回線 1 の a 相一線地絡故障

一例として回線 1 の a 相一線地絡故障を考える．故障発生用端子における故障条件は，

$$\dot{V}_a' = 0, \quad \dot{I}_b' = \dot{I}_c' = \dot{I}_a'' = \dot{I}_b'' = \dot{I}_c'' = 0 \tag{9.77}$$

となり，これを図 9.28 の回線 1，回線 2 の対称分に変換すると次のようになる．

$$\dot{V}_0' + \dot{V}_1' + \dot{V}_2' = 0, \quad \dot{I}_0' = \dot{I}_1' = \dot{I}_2', \quad \dot{I}_0'' = \dot{I}_1'' = \dot{I}_2'' = 0 \tag{9.78}$$

これを (9.75) 式，(9.76) 式を用いて二相回路法の対称分に変換する．

$$(\dot{V}_{01} + \dot{V}_{02}) + (\dot{V}_{11} + \dot{V}_{12}) + (\dot{V}_{21} + \dot{V}_{22}) = 0$$

$$\dot{I}_{01} + \dot{I}_{02} = \dot{I}_{11} + \dot{I}_{12} = \dot{I}_{21} + \dot{I}_{22} \tag{9.79}$$

$$\dot{I}_{01} - \dot{I}_{02} = \dot{I}_{11} - \dot{I}_{12} = \dot{I}_{21} - \dot{I}_{22} = 0$$

(9.79) 式より

$$\dot{V}_{01} + \dot{V}_{02} + \dot{V}_{11} + \dot{V}_{12} + \dot{V}_{21} + \dot{V}_{22} = 0$$

$$\dot{I}_{01} = \dot{I}_{02} = \dot{I}_{11} = \dot{I}_{12} = \dot{I}_{21} = \dot{I}_{22} \tag{9.80}$$

が得られる．

したがって，この (9.80) 式は図 9.39 のように各対称分第 1 回路，第 2 回路を接続すればよい．

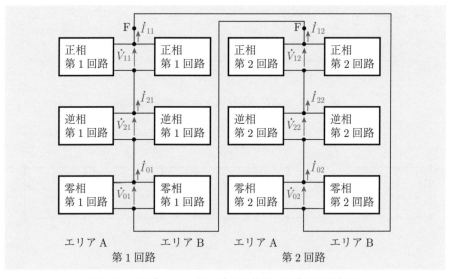

図 9.39　回線 1 の a 相一線地絡故障の対称分回路接続

9.8 中性点接地方式

電力系統において発電機や変圧器の電気的中性点を接地することを**中性点接地**という. 9.5 節において，三相変圧器の中性点の接地方式によって零相分等価回路が異なるということを述べた. ここでは，中性点接地の方式と目的，故障時の電位上昇等について述べる.

9.8.1 接地の方式と目的

中性点が接地されていないと，地絡故障の際，異常電圧が発生し，線路や機器の絶縁が脅かされたり，保護リレーによる系統故障の検出が困難になったりするなどいろいろな障害が発生する. 接地インピーダンスを小さくすることによって，故障時の健全相対地電圧の上昇を抑制し絶縁レベルを低減でき，避雷器の動作責務を低減できる. また，地絡故障時の地絡電流が大きくなり，故障の検出を確実にすることができる. さらに地絡アークを急速に消弧することもできる. しかしながら，地絡電流が大きくなるので，電流を遮断できなくなり，過渡安定性が悪化したり，機器に対する機械的衝撃が大きくなったり，通信線へ**電磁誘導障害**が発生したりする. したがって，表 9.3 に示すように，送電系統の電圧レベルや架空線系統か地中ケーブル系統かなどによって適切な接地方式が選択されている.

表 9.3 わが国の中性点接地方式と適用電圧

適用電圧	方式	適用の留意点
187 kV 以上	直接接地	
154 kV	抵抗接地	$400\sim900\,\Omega$
	補償リアクトル接地	地中ケーブル系統，電磁誘導障害対応
110～66 kV	抵抗接地	$100\sim400\,\Omega$
	消弧リアクトル接地	架空送電系統補償
	補償リアクトル接地	地中ケーブル系統，電磁誘導障害対応
33～22 kV	抵抗接地	$10\sim20\,\Omega$
6.6 kV（配電系統）	非接地	

9.8.2 有効接地

送電系統の a 相一線地絡故障の場合，$\dot{Z}_1, \dot{Z}_2, \dot{Z}_0$ を故障点 F から見た系統の正相，逆相，零相インピーダンス，$\dot{V}_f$ を故障点 F に故障前に現れていた電圧とすると

a 相地絡電流　　$\dot{I}_a = \dfrac{3}{\dot{Z}_1 + \dot{Z}_2 + \dot{Z}_0} \dot{V}_f$　　　　　　(9.81)

b 相健全相電圧　$\dot{V}_b = \dfrac{(\lambda^2 - \lambda)\,\dot{Z}_2 + (\lambda^2 - 1)\,\dot{Z}_0}{\dot{Z}_1 + \dot{Z}_2 + \dot{Z}_0} \dot{V}_f$　　(9.82)

c 相健全相電圧　$\dot{V}_c = \dfrac{(\lambda - \lambda^2)\,\dot{Z}_2 + (\lambda - 1)\,\dot{Z}_0}{\dot{Z}_1 + \dot{Z}_2 + \dot{Z}_0} \dot{V}_f$　　(9.83)

となることは既に述べた.

　同期機が故障点 F から遠方にある場合，変圧器，送電線のインピーダンスが支配的となるため，$\dot{Z}_1 = \dot{Z}_2$ としてよく，a 相一線地絡故障によって b 相と c 相の電圧がどのくらい上昇するかという対地電圧上昇率は

$$\frac{\dot{V}_b}{\dot{V}_f} = \lambda^2 - \frac{\dot{Z}_0 - \dot{Z}_1}{\dot{Z}_0 + 2\dot{Z}_1} \tag{9.84}$$

$$\frac{\dot{V}_c}{\dot{V}_f} = \lambda - \frac{\dot{Z}_0 - \dot{Z}_1}{\dot{Z}_0 + 2\dot{Z}_1} \tag{9.85}$$

となる．$\dot{Z}_1$, $\dot{Z}_2$ の抵抗分は小さく無視できるので，線路・負荷のインダクタンスが支配的となり，$\dot{Z}_0$ は線路の零相インダクタンス，対地静電容量や変圧器の接地抵抗が支配的となるので，

$$\dot{Z}_1 = \dot{Z}_2 = jX_1, \quad \dot{Z}_0 = R_0 + jX_0 \tag{9.86}$$

とおき，対地電圧上昇率を $\dfrac{R_0}{X_1}$ と $\dfrac{X_0}{X_1}$ を用いて表すと

$$
\begin{aligned}
\frac{\dot{V}_b}{\dot{V}_f} &= -\frac{1}{2} - j\frac{\sqrt{3}}{2} - \frac{\dfrac{R_0}{X_1} + j\left(\dfrac{X_0}{X_1} - 1\right)}{\dfrac{R_0}{X_1} + j\left(\dfrac{X_0}{X_1} + 2\right)} \\
&= -\frac{3}{2}\frac{\left(\dfrac{R_0}{X_1}\right)^2 + \dfrac{X_0}{X_1}\left(\dfrac{X_0}{X_1} + 2\right)}{\left(\dfrac{R_0}{X_1}\right)^2 + \left(\dfrac{X_0}{X_1} + 2\right)^2} - j\left\{\frac{\sqrt{3}}{2} - \frac{3\dfrac{R_0}{X_1}}{\left(\dfrac{R_0}{X_1}\right)^2 + \left(\dfrac{X_0}{X_1} + 2\right)^2}\right\}
\end{aligned}
\tag{9.87}
$$

$$
\begin{aligned}
\frac{\dot{V}_c}{\dot{V}_f} &= -\frac{1}{2} + j\frac{\sqrt{3}}{2} - \frac{\dfrac{R_0}{X_1} + j\left(\dfrac{X_0}{X_1} - 1\right)}{\dfrac{R_0}{X_1} + j\left(\dfrac{X_0}{X_1} + 2\right)} \\
&= -\frac{3}{2}\frac{\left(\dfrac{R_0}{X_1}\right)^2 + \dfrac{X_0}{X_1}\left(\dfrac{X_0}{X_1} + 2\right)}{\left(\dfrac{R_0}{X_1}\right)^2 + \left(\dfrac{X_0}{X_1} + 2\right)^2} + j\left\{\frac{\sqrt{3}}{2} + \frac{3\dfrac{R_0}{X_1}}{\left(\dfrac{R_0}{X_1}\right)^2 + \left(\dfrac{X_0}{X_1} + 2\right)^2}\right\}
\end{aligned}
\tag{9.88}
$$

となる. (9.87) 式と (9.88) 式を比較すると, (9.87) 式の虚部より (9.88) 式の虚部が大きく,

$$\left|\frac{\dot{V}_b}{\dot{V}_f}\right| < \left|\frac{\dot{V}_c}{\dot{V}_f}\right| \tag{9.89}$$

となり, c 相電圧の対地電圧上昇率が b 相より大きくなる. この c 相電圧の対地電圧上昇率が零相インピーダンスによってどのように変化するかを図 9.40 に示す.

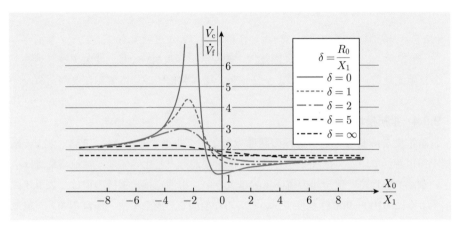

図 9.40 c 相電圧の対地電圧上昇率 κ

図 9.40 から次のようなことがわかる.

(i) 中性点が非接地の場合, つまり $\delta = \frac{R_0}{X_1} \to \infty$ となると, $\kappa = \left|\frac{\dot{V}_c}{\dot{V}_f}\right| \to \sqrt{3}$.

(ii) $\frac{X_0}{X_1} = -2$, つまり $X_0 + X_1 + X_2 = 0$ のとき, 共振状態になり $\kappa = \left|\frac{\dot{V}_c}{\dot{V}_f}\right|$ は非常に大きくなる. これは, $X_1 > 0$, $X_2 > 0$ より $X_0 < 0$ となり, 零相リアクタンスが対地静電容量で容量性になっている状態に対応する. ここから, 対地電圧上昇を抑えるためには $X_0 > 0$ にする必要がある.

(iii) $0 \leqq \frac{X_0}{X_1} \leqq 3, 0 \leqq \frac{R_0}{X_1} \leqq 1$ ならば, 対地電圧上昇率 $\kappa = \left|\frac{\dot{V}_c}{\dot{V}_f}\right| < 1.3$ に抑制できる. このような状態を **有効接地** という. この条件では, 二線地絡故障の場合も対地電圧上昇率を 1.3 倍以内に抑制できることがわかっている. 直接接地方式はこの有効接地に当たる.

9.8.3 非接地方式

わが国の 6.6 kV の配電系統では，非接地方式が用いられている．対地電圧上昇率は $\sqrt{3}$ となり，中性点接地方式の中で最も高くなるが，そもそも系統電圧が低いことからその絶対値は小さい．非接地方式では，9.8.1 で述べた接地インピーダンスが小さい場合と逆の得失をもつが，次のような利点もある．

（ i ） 変圧器の一相が故障したとき，V 結線にして送電を続行できる．

（ ii ） 変圧器の中性点を引き出す必要がないため，Δ 結線変圧器を用いることができる．

（iii） 一線地絡故障中でも，送電を続行することが可能であり，アークも消えやすい．しかしながら，長距離送電線やケーブル系統では，**間欠アーク地絡**（弧光地絡）という現象により 2 倍近くの異常電圧が発生することがある．

9.8.4 抵抗接地方式

地絡電流を抑制して通信線への誘導障害などを防止するために，154～22 kV 系統で採用されている．抵抗接地方式は，直接接地方式と比べて，一線地絡電流は小さいが，一線地絡時健全相の電圧上昇は大きい．中性点接地抵抗の値は，表 9.3 に示すように，100～900 Ω 程度で，いろいろな要因を考慮して決定されるが，一線地絡時の中性点電流が 100～500 A くらいになるように整定される．これは，地絡事故時に地絡リレーに流れる電流がリレーを動作させるのに十分な大きさとすることも重要な要因であることによる．

図 9.41 の送電系統において，点 F において a 相一線地絡故障が発生したときの地絡リレーに流れる電流を一定値以上にするように中性点接地抵抗 R の値を決め

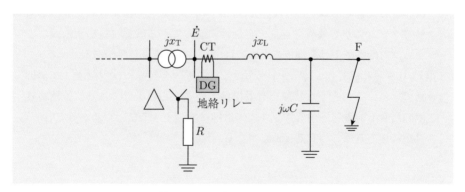

図 9.41 中性点抵抗接地系統

ることにする．この系統の対称分回路は，図 9.42(a) の回路となり，a 相一線地絡
故障の場合は，この対称分回路を点 F において直列接続することになる．ここで，
送電線の正相分，逆相分回路においては，送電線インピーダンス $jx_{\mathrm{L1,2}}$，変圧器イ
ンピーダンス jx_{T}，そして変圧器より左側の回路のインピーダンスの総和は作用静
電容量 C_1, C_2 から求まる対地インピーダンスより十分小さく無視できるとし，零
相分回路においては，送電線零相インピーダンスと変圧器インピーダンスの和は中
性点接地抵抗 R より十分に小さく無視できるものとする．このとき，図 9.42(a) の
回路は図 9.42(b) の回路に簡単化される．地絡リレーの設置点 DG を流れる故障電
流 $\dot{I}_{\mathrm{DGa}}$ は

$$
\dot{I}_{\mathrm{DGa}} = \dot{I}_{\mathrm{DG1}} + \dot{I}_{\mathrm{DG2}} + \dot{I}_{\mathrm{DG0}} = \dot{I}_1 + \dot{I}_2 + \dot{I}_{\mathrm{DG0}}
$$
$$
\cong \dot{I}_0 + \dot{I}_0 + \frac{1}{1 + j\,3\omega C_0 R}\dot{I}_0 = \left(2 + \frac{1}{1 + j\,3\omega C_0 R}\right)\dot{I}_0 \qquad (9.90)
$$

となる．また，

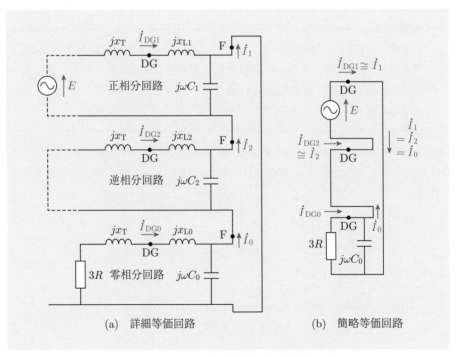

(a) 詳細等価回路　　　(b) 簡略等価回路

図 9.42 a 相一線地絡故障時の対称分回路

$$\dot{I}_0 = \frac{1 + j\,3\omega C_0 R}{3R} E \tag{9.91}$$

より

$$\dot{I}_{\mathrm{DGa}} = \left(2 + \frac{1}{1 + j\,3\omega C_0 R}\right)\left(\frac{1 + j\,3\omega C_0 R}{3R}\right) E$$

$$= \left(\frac{1}{R} + j\,2\omega C_0\right) E \tag{9.92}$$

が得られる.

したがって, 中性点接地抵抗 R は, $\left|\dot{I}_{\mathrm{DGa}}\right|$ の下限 $\left|\dot{I}_{\mathrm{DGa}}\right|_{\min}$ が与えられると

$$\left|\dot{I}_{\mathrm{DGa}}\right|_{\min}^2 = \left\{\left(\frac{1}{R}\right)^2 + 4\,(\omega C_0)^2\right\} E^2 \tag{9.93}$$

$$R = \frac{1}{\sqrt{\dfrac{\left|\dot{I}_{\mathrm{DGa}}\right|_{\min}^2}{E^2} - 4\,(\omega C_0)^2}} \tag{9.94}$$

となり, この値以下であればよいことになる.

例題 9.2

図 9.41 の 154 kV, 50 Hz 系統において, 図 9.42 の零相分対地静電容量 C_0 を $0.5\,\mu$F とするとき, 地絡リレーに流れる電流を 0.5 A 以上とするとき, 変圧器の中性点接地抵抗 R の値は何 Ω 以下にすればよいか. なお, 地絡リレーの変流器 CT の変流比は 300 : 1 とする.

【解答】　地絡リレー DG に流れる電流 0.5 A と変流器 CT の変流比 300 : 1 より, 点 DG に流れる a 相故障電流は 150 A 以上となればよい. 故障点 F に故障前に現れる相電圧は

$$E = \frac{154}{\sqrt{3}} = 88.9\,[\mathrm{kV}]$$

$$\omega C_0 = 314 \times 0.5 \times 10^{-6} = 0.157 \times 10^{-3}\,[\Omega]$$

(9.94) 式より

$$R = \frac{1}{\sqrt{\left(\frac{150}{88.9 \times 10^3}\right)^2 - 4 \times (0.157 \times 10^{-3})^2}}$$

$$\cong \frac{1}{\sqrt{2.748 \times 10^{-6}}} \cong 603\,[\Omega]$$

9.8.5 消弧リアクトル接地方式

図 9.43 に示すように，Δ–Y 結線変圧器をもつ零相等価回路の線路分の零相インピーダンス $\dot{Z}_0$ は，対地静電容量が支配的になっており，線路インダクタンスを無視すると

$$\dot{Z}_0 = \frac{1}{j\omega\,(C' + C'')} \tag{9.95}$$

となる．もし変圧器の中性点接地インピーダンスとして図 9.43 のように消弧リアクトル L', L'' を接続しこの対地静電容量と並列共振させると，合成された零相インピーダンスは無限大となり，地絡電流は零となりアークが消えることになる．

その並列共振条件は

$$\omega\,(C' + C'')\,\frac{(3\omega L' + x'_\ell)\,(3\omega L'' + x''_\ell)}{(3\omega L' + x'_\ell) + (3\omega L'' + x''_\ell)} = 1 \tag{9.96}$$

となり，x'_ℓ, $x''_\ell \ll \omega L'$, $\omega L''$ とすると

$$\omega^2\,(C' + C'')\,\frac{3L'L''}{L' + L''} = 1 \tag{9.97}$$

が得られる．実際には，完全に並列共振させず，一線地絡故障時の消弧リアクトル電流が対地充電電流より数 % 大きくなるように消弧リアクトルのインダクタンス L', L'' を設定する．この方式には，系統構成の変化に応じて消弧リアクトルのタップを切り替えることによって整定値を変更することが必要となり，また，断線故障の際に対地静電容量とリアクトルが直列共振に近い状態となり異常電圧が発生することがあるなど欠点もある．**ペテルゼンコイル接地方式**とも呼ばれる．66〜110 kV の架空送電系統に用いられることがある．

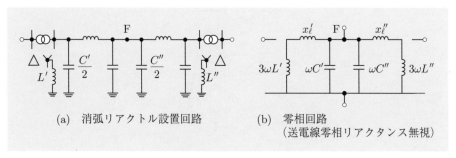

(a) 消弧リアクトル設置回路　　(b) 零相回路
　　　　　　　　　　　　　　　　（送電線零相リアクタンス無視）

図 9.43 消弧リアクトル接地

例題 9.3

図 9.43(a) の送電線回路において，1 相の対地静電容量を $C' = C'' = 0.54\,[\mu\mathrm{F}]$ とし，送電線のリアクタンス，抵抗は無視する．変圧器のリアクトル x'_ℓ, x''_ℓ も x'_ℓ, $x''_\ell \ll \omega L'$, $\omega L''$ が成り立つものとする．周波数は 50 Hz である．$L' = L'' = L$ とおき，並列共振の場合の消弧リアクトルのリアクタンス ωL を求めよ．

【解答】　(9.97) 式より

$$\omega^2 (C' + C'') \frac{3L}{2} = 1$$

$$\therefore\ \ \omega L = \frac{2}{3\omega(C' + C'')} = \frac{2}{3 \times 314 \times 1.08 \times 10^{-6}}$$

$$\cong 1.97 \times 10^3\,[\Omega]$$

9.8.6　補償リアクトル接地方式

都市部の 66〜154 kV 系統は地中ケーブル送電系統が多い．地中ケーブルの対地静電容量は架空送電線に比べて非常に大きいので，中性点接地抵抗 R_N で地絡時の故障電流を制限しても地絡事故点の送電線には大きな充電電流が加わって流れる．このため通信線への電磁誘導障害が発生したり，大きな過渡突入電流が流れ，保護リレーの動作特性が低下したりする．これに対して，接地抵抗 R_N と並列に補償リアクトル X_N を設置してこの充電電流分を低減することが行われる．これを**補償リアクトル接地方式**といい，図 9.44 に示す．

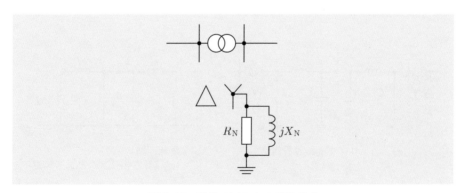

図 9.44　補償リアクトル接地方式

9 章の問題

□**1** 無負荷同期発電機において bc 相短絡故障が発生したとき，同期機の対称分等価回路を接続し，a 相健全相電圧と短絡電流を求めよ．

□**2** 無負荷同期発電機において b 相一線地絡故障が発生した場合，同期機の対称分等価回路をどのように接続すればよいか示せ．

□**3** 下図のような送受電端の変圧器の中性点をそれぞれ R_e の抵抗で接地した亘長 20 km，電圧 66 kV，周波数 50 Hz の三相 3 線式 1 回線送電線がある．その a 相一線が R_f の抵抗を介して地絡を生じた場合の地絡電流 $\dot{I}_{af}$ の大きさを求めよ．ただし，1 線当たりの対地静電容量 $C = 0.005\,[\mu\text{F/km}]$，$R_e = \frac{2000}{3}\,[\Omega]$，$R_f = 10\,[\Omega]$ として，そのほかのインピーダンス，また負荷電流は無視するものとする．

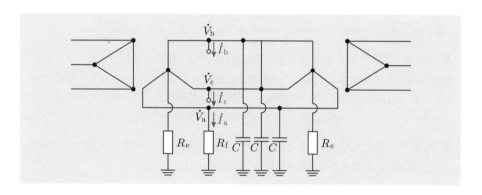

□**4** 下図に示す 200 km，500 kV 並行 2 回線送電系統の中間地点において a 相一線地絡故障を考える．以下の問に答えよ．地絡インピーダンスは零とし，送電系統の各構成機器の定数は以下に示す．また，単位法の基準値は，電圧 500 kV，容量 1000 MV·A と

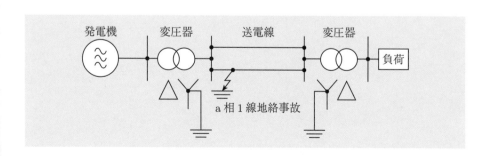

する.

発電機リアクタンス：正相 0.05 p.u., 逆相 0.02 p.u., 零相 0.01 p.u.

200 km 送電線 1 回線リアクタンス：正相・逆相 0.2 p.u., 零相 0.6 p.u.

（抵成分，静電容量成分，回線間相互誘導成分は無視）

変圧器漏れリアクタンス：0.1 p.u.

負荷：負荷端電圧 1.0 p.u. のとき，遅れ力率 0.9 で皮相電力 0.5 p.u. をとる三相平衡の定インピーダンス負荷

(1) 事故前は，負荷端の電圧の大きさは 1.0 p.u. である．このとき，発電機の正相リアクタンス背後電圧の大きさ $|\dot{V}_g|$ [p.u.], 送電線の中間点の電圧の大きさ $|\dot{V}_{f0}|$ [p.u.] を求めよ.

(2) 対称座標法における送電系統の正相，逆相，零相回路を，そのインピーダンス値と故障点も含めて示せ.

(3) 前問で求めた送電系統の正相，逆相，零相回路を，故障点から見た鳳–テブナン等価回路で示せ.

(4) a 相一線地絡故障点における地絡電流の大きさ $|\dot{I}_{af}|$ [kA] を求めよ.

□**5** 6.6 kV 以上 154 kV 以下の送配電系統においては，中性点接地方式として，主に抵抗接地方式と非接地方式がある．一線地絡故障に対するそれぞれの方式の特徴について，故障点電流，故障時の健全相電圧，故障検出，誘導障害の点に関して述べよ.

（平成 23 年度電気主任技術者試験第 2 種電力・管理 問 2 より作成）

□**6** 中性点非接地方式の長距離送電線やケーブル系統において発生する可能性のある間欠アーク地絡（弧光地絡）の発生機構について述べよ.

10 電力システムの保護

　本章では，電力系統に事故が発生した場合に，その事故を高速に除去し，系統の不安定化および大規模停電を防止する保護を学ぶ．ここでは，保護の仕組みについて説明し，そのための装置である事故除去リレー，事故波及防止リレーの各種方式について説明する．本書では，前章まで「事故」を「故障」と表現してきた．本章（保護リレー分野）では「事故」を用いるがこれは前章までにおける「故障」と同じ意味である．

---

10 章で学ぶ概念・キーワード
- 保護リレー
- 主保護，後備保護
- 事故除去リレー
- 事故波及防止リレー

10.1　保護リレー

　電力システムの保護とは，送電線や電力機器に地絡，短絡などの事故が発生した場合，その事故設備を系統から切り離し，事故設備自体や系統が故障の影響を受けないようにし（**事故除去**），この事故除去後に事故発生時の状況によっては，事故の影響が系統全体へ波及することがあり，この波及を防止する（**事故波及防止**）ことである．このための装置を**保護リレー**（保護継電器とも呼ばれる）といい，事故除去のために送電線や電力機器ごとに設置される保護リレーを**事故除去リレー**，事故波及を防止するために設置される保護リレーを**事故波及防止リレー**という．リレー（継電器）とは，あらかじめ規定した電気量または物理量に応動し，電気回路を制御する機能を有する装置とされており，事故除去リレーは，CT（変流器）や VT（計器用変圧器）で検出される電気量から設備が事故状態かどうかを判別し，事故の場合にその設備を系統から切り離すために CB（遮断器）に指令を送る装置である．近年では，マイクロプロセッサを用いた**ディジタルリレー**が主流となっている．

　保護リレーには次のような機能が求められる．

(1)　送電線や電力機器に事故が発生した場合の設備損傷をできるだけ小さくし，その二次的な設備損傷の波及を防止するために高速かつ確実に事故電流を遮断する．

(2)　突発的な停電の頻度を少なくし，大規模停電，長時間停電事故を防止するために事故箇所を最小範囲で高速に切り離す．

(3)　系統不安定現象の波及による広範囲停電事故を防止し，停電範囲を極小化するために，系統を分離したり，必要最小限の電源や負荷の抑制や遮断を行ったりする．

　事故除去リレーは，上述の機能 (1), (2) を満足するために設置されており，図 10.1 に示すように点線で囲まれた保護範囲でもってすべての設備を保護している．保護対象設備に事故が発生した場合，事故設備を囲むすべての CB が保護リレーにより開放され，事故設備が系統から切り離され事故が除去される．

　CB と CT の配置の関係であるが，図 10.2 に示すような CT の配置が考えられる．送電線では，送電線保護と記されている結線に繋がる CT の情報を利用して，この範囲で事故が起こったと判定した場合，送電線の両側に接続された CB1 とCB2 を開放する．母線では，母線保護と記されている結線に繋がる CT（図 10.2では母線の片側にしか描いていないが，図 10.1 に示すように母線を囲むすべての CB のそばに設置されている）の情報を利用して，この範囲で事故が起こったと判

定した場合，母線を囲むすべての CB を開放する.

　図 10.2(a) のように母線保護用 CT と送電線保護用 CT が CB に対して送電線側に配置される場合，CB と送電線保護用 CT の間で地絡事故が発生すると，母線保護リレーは動作し CB1 が開放され母線は系統から切り離されるが，送電線保護リレーは動作せず，CB2 が開放されないために電流が供給され続け地絡事故が継続する．この事故は次節で述べる遠端後備保護で除去されるが，動作時間が遅くなりかつ停電範囲が広くなる欠点がある．このような事故を**盲点事故**というが，盲点事故をなくすために図 10.2(b) のように，母線保護用 CT と送電線保護用 CT を CB の両側に配置すると，CB と CT の間に発生した地絡事故は，母線保護と送電線保護の両方の保護リレーが動作するために，事故は高速に除去される．

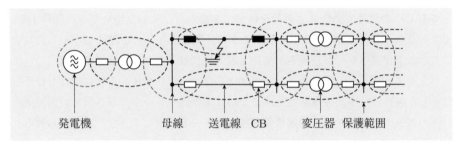

図 10.1　事故除去リレーによる保護範囲

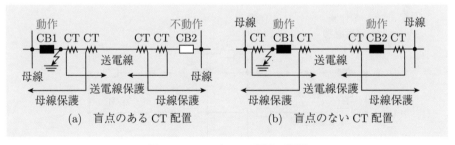

図 10.2　CB と CT 配置の関係

10.2　主保護と後備保護

　保護リレーには，事故が発生した設備のみを選択して高速に切り離す**主保護**と主保護が何らかの理由で動作しなかった場合にバックアップとして，その事故設備を含む広範囲の設備を切り離し，事故波及を最小限に抑える**後備保護**がある．一般に，主保護と後備保護には異なる原理の保護リレーが用いられる．

　主保護リレーは，図 10.1 に示すように，送電線，母線，変圧器ごとに設置され，事故が発生した場合には最も早く動作し，事故設備を囲む CB が開放され，事故設備が系統から切り離されて事故が除去される．

　後備保護は，CT や VT が故障して電気量が主保護リレーに入力されなかった場合や，主保護リレーが故障して正常に動作しなかったり，主保護リレーが正常に動作しても CB の故障で動作せず事故を除去できなかったりした場合などに動作する．また，この後備保護は図 10.3 に示すように，主保護リレーが動作しなかった場合に，その主保護リレーが設置されている電気所に設置される**自端後備保護**（ローカルバックアップ）と，主保護リレーが動作しなかったり CB が正常に動作しなかったりした場合に，事故波及を防止するために主保護リレーが設置されている電気所以外の電気所に設置される**遠端後備保護**（リモートバックアップ）に分けられる．

　図 10.3 において，自端後備保護リレーは，主保護リレーが正常動作せず CB A が動作しなかった場合に，CB A に指令を送り動作させたり，主保護リレーは動作したが CB A が故障で動作しなかった場合は，母線保護に移行し CB T, E, D を

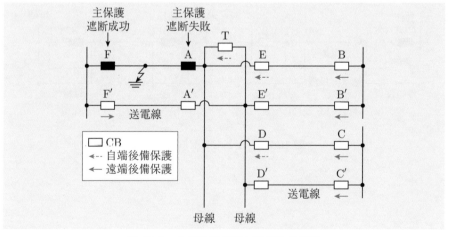

図 10.3　自端後備保護と遠端後備保護

動作させたりする．遠端後備保護リレーは，CB B, B′, C, C′, F′ を動作させるが，母線周りのすべての送電線が開放され停電が広範囲・長時間となる．CB A が故障で動作しなかった場合は，母線連絡遮断器 CB T をまず動作させ，その後遠端後備保護を行う遮断器不動作対策（CBF）をとることもある．

💬 わが国での初の盲点事故（御母衣事故）

　わが国では 1965 年 6 月 22 日の朝に，275 kV 送電線の盲点事故（いわゆる御母衣事故）による関西地方の大規模停電を経験している．下図に示すように，大雨による地滑りの落石が御母衣発電所の開閉所出口の鉄塔の塔脚に激突し鉄塔が傾き，架空地線のクランプが抜け，架空地線が遮断器 CB と変流器 CT の間に落下し一線地絡事故が発生した．CT は CB の母線側にのみ設置されており，一線地絡事故点が母線保護リレーの盲点であったため，その母線に接続されているすべての送電線の遠端の後備保護リレーが動作し，送電線がすべて解列された．これらの送電線を介して多数の水力発電所が並列されており，それらが送電線の解列により脱落し，また遠端後備保護リレーの事故除去時間が 1 秒程度と長かったため，まだ並列されている他所の発電機が脱調を起こした．その結果，供給力不足になり負荷も増加したため周波数が低下し，他社の系統分離なども相次いで起こり大停電となった．停電の規模は約 300 万 kW，最大停電時間は 3 時間 4 分となっており，事故当時の当該電力会社（関西電力）の系統容量が 410 万 kW であるので，4 分の 3 が停電したことになる．1 つの盲点事故が大停電に波及した典型的な事例である．

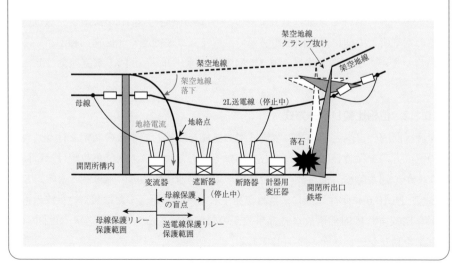

10.3　保護リレー方式

10.3.1　電流差動リレー方式

　1 つのノードに流入する電流の総和は零であるというキルヒホッフの電流則に基づいて，保護範囲に流れ込む電流と流れ出す電流の差をとって，保護範囲内に事故がなければ差がほぼ零になるという原理を用いたものである．保護範囲内の対地静電容量による充電電流が無視できない場合は，それを補償して動作判定をする．電流差動リレー方式は送電線保護だけでなく，変圧器保護や母線保護にも用いられ，それぞれに対して電流差動リレーの原理を図 10.4 に示す．

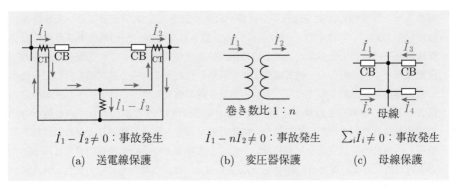

$\dot{I}_1 - \dot{I}_2 \neq 0$：事故発生　　$\dot{I}_1 - n\dot{I}_2 \neq 0$：事故発生　　$\sum_i \dot{I}_i \neq 0$：事故発生

(a)　送電線保護　　　　　(b)　変圧器保護　　　　　(c)　母線保護

図 10.4　電流差動リレーの基本原理

　送電線保護における電流差動リレーシステムの概略を図 10.5 に示す．送電線の両端の電気所との間に通信回線が必要で，マイクロ波回線や光伝送回線が用いられている．また，変復調方式により PCM 電流差動リレーと FM 電流差動リレーがある．

10.3.2　位相比較リレー方式

　保護区間内の自端と相手端の電流波形の位相を比較して事故の判定を行う．各端子の電流方向を保護範囲に流れ込む方向にそろえておけば，内部事故時はほぼ同相となるが，通常時や外部事故の場合は同一電流が通過するので逆位相となる．したがって，図 10.6 に示すように，事故が発生した瞬間に正（または負）の半波の電流波形を比較すれば内部事故か外部事故かの判定ができる．このシステムは図 10.5 の電流差動リレーシステムと同じである．

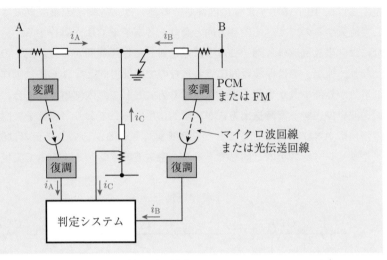

図 10.5 送電線の電流差動リレーシステム

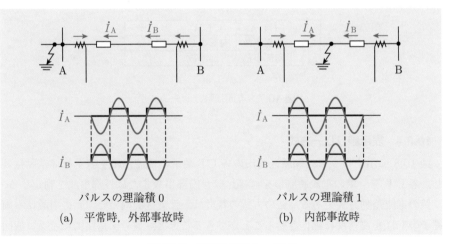

パルスの理論積 0

(a) 平常時，外部事故時

パルスの理論積 1

(b) 内部事故時

図 10.6 位相比較リレー方式

10.3.3 方向比較リレー方式

送電線の各端子で検出した事故がその端子から見て保護区間の内部方向か外部方向かをほかの端子に伝送し，全端子の情報から保護区間の内部事故か外部事故か判定する．図 10.7 に示すように内部事故の場合は，各端子の事故電流は事故点に対して流入するのですべて内部方向となり，各端子で CB が動作する．外部事故の場合には，事故電流は片端子では事故点に対して保護範囲から流れ出るので外部方向となり，他端子では保護範囲に流れ込むので内部方向となり CB は動作しない．内部事故か外部事故かを相手端に伝送する方式として，内部事故の場合に相手端への搬送波を停止する**常時送出方式**が一般的に用いられており，両端子に関して搬送波の停止の AND 条件をとることで CB を動作させる．このシステムは図 10.5 の電流差動リレーシステムと同じであるが，搬送波のオン・オフのみで実現できる．

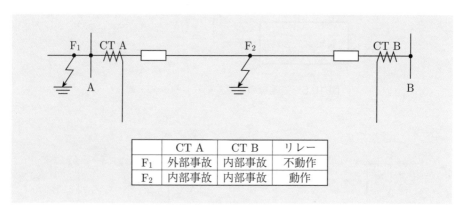

	CT A	CT B	リレー
F_1	外部事故	内部事故	不動作
F_2	内部事故	内部事故	動作

図 10.7 方向比較リレー方式

10.3.4 表示線リレー方式

図 10.8 に示すように，保護区間内の各 CT 端子の電流回路を表示線で差動接続し，各 CT 端子での電流瞬時値を直接比較し内部事故または外部事故を判定する．一種の電流差動方式である．この方式の特徴は，保護区間内のいずれの事故にも両端子の CB を高速度に動作させることができることと，信号伝送路にマイクロ波回線または光ファイバを使用する電流差動方式，位相比較方式，方向比較方式と比べて装置が簡単なことである．表示線の亘長（一般に 20 km 程度）に制限があるため，短距離送電線に適している．

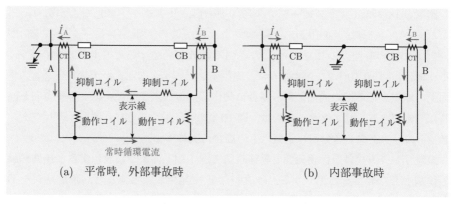

(a)　平常時, 外部事故時　　　　　　(b)　内部事故時

図 10.8　表示線リレー方式

10.3.5　距離リレー方式

自端の電圧 $\dot{V}$ と電流 $\dot{I}$ の比である測距インピーダンス $\dot{Z}_\mathrm{F}$ によって事故点までの距離を測定し，事故が保護区間内か保護区間外かを判定する．例えば地絡距離リレーの測距インピーダンスは，図 10.9 に示すように，基本的には (10.1) 式で計算されるが，a 相一線地絡故障のような零相電流 $\dot{I}_0$ が流れる場合は，事故相の a 相の測距インピーダンスは (10.2) 式のように零相補償係数 $\dot{K}_0$ を用いて修正される．

$$\dot{Z} = \frac{\dot{V}}{\dot{I}} = \dot{Z}_\mathrm{F} \propto l \quad (l \text{ は事故点までの距離}) \tag{10.1}$$

$$\dot{Z}_\mathrm{a} = \frac{\dot{V}_\mathrm{a}}{\dot{I}_\mathrm{a} + (K_0 - 1)\dot{I}_0} = \dot{Z}_\mathrm{F}, \quad K_0 = \frac{\dot{Z}_0}{\dot{Z}_1} \tag{10.2}$$

ここで，$\dot{Z}_1, \dot{Z}_0$ は送電線の正相インピーダンス，零相インピーダンスである．

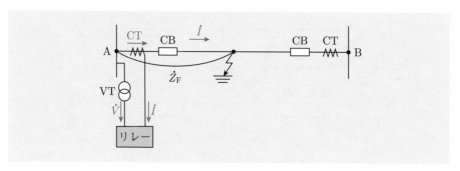

図 10.9　距離リレーの原理

　距離リレーには，インピーダンス形，モー形，リアクタンス形などがあり，インピーダンス形は，図 10.10(a) に示すように，この測距インピーダンス $\dot{Z}_\mathrm{F}$ が $|\dot{Z}_\mathrm{F}| < Z_\mathrm{s}$ の範囲，つまり $l < l_\mathrm{s}$ の範囲で事故が発生するとリレーが動作する．モー形は，図 10.10(b) に示すように，測距インピーダンス $\dot{Z}_\mathrm{F}$ がインピーダンス平面上の原点を通る円の内部にある場合に動作し，事故点までの距離と事故方向を同時に判定できる．リアクタンス形は，図 10.10(c) に示すように，測距インピーダンス $\dot{Z}_\mathrm{F}$ のリアクタンス分が一定値以下の場合に動作する．

　距離リレー方式は，保護範囲と動作時間を図 10.11 のように設定すると後備保護の役割ももたせることができる．事故が点 F で発生したとすると，距離リレー B と E が第 1 段の最短動作時間で動作するが，もし B が不動作で事故が継続している場合，距離リレー A が第 2 段で動作する．第 1 段の保護範囲は，VCT の誤差やリレーの誤差を考慮して保護区間の 80〜90 ％，第 2 段の保護範囲は 120〜150 ％とされている．

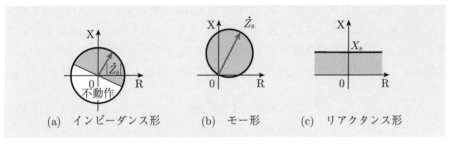

図 10.10　距離リレーの動作特性例

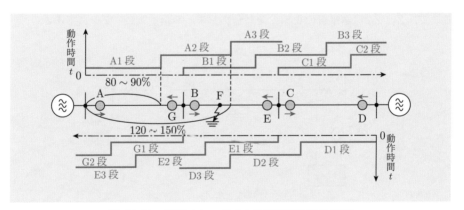

図 10.11　距離リレー方式の保護範囲と動作時間

例題 10.1

地絡方向リレーを設置した図のような 77 kV 並行 2 回線送電線系統におい
て, 送電線一回線の点 F で, 事故点抵抗 $R_\mathrm{f} = 200\,[\Omega]$ を介して a 相一線地絡
事故が発生した. 変圧器の中性点接地抵抗は $R_\mathrm{N} = 100\,[\Omega]$ とし, 送電線や変
圧器のインピーダンスより非常に大きいものとし, 送電線の静電容量も無視
する. 端子 B は無負荷, 無電源とする. 変流器 CT の変流比は 200 : 1 とす
る. 事故点 F は, 端子 A から送電線距離で 60 % の地点である. リレー A と
リレー B に入力される電流値を求めよ.

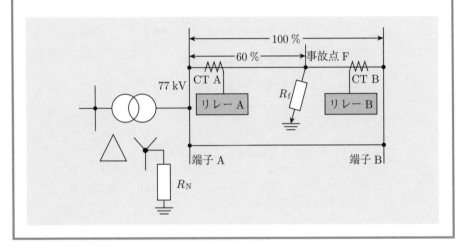

【解答】 事故点 F での一回線 a 相一線地絡事故の対称分回路は図のようになり, 中
性点接地抵抗と事故点抵抗以外の正相分, 逆相分, 零相分回路のインピーダンスは
無視できるので, 事故点 F での正相分電流 $\dot{I}_1$, 逆相分電流 $\dot{I}_2$, 零相分電流 $\dot{I}_0$ は

$$\dot{I}_1 = \dot{I}_2 = \dot{I}_0 = \frac{E}{3R_\mathrm{N} + 3R_\mathrm{f}} = \frac{\frac{77\,[\mathrm{kV}]}{\sqrt{3}}}{900\,[\Omega]} \cong 49.4\,[\mathrm{A}]$$

変流器の地点 CT A, CT B を流れる対称分電流は, 事故点 F での対称分電流が端
子 A から事故点 F までと端子 A から端子 B を経由して事故点 F までのインピーダ
ンスの逆比で分流するので

$$\dot{I}_{\mathrm{CT\,A1}} = \dot{I}_{\mathrm{CT\,A2}} = \dot{I}_{\mathrm{CT\,A0}} = \frac{140}{200}\dot{I}_0 = 0.7 \times 49.4 \cong 34.6\,[\mathrm{A}]$$

$$\dot{I}_{\mathrm{CT\,B1}} = \dot{I}_{\mathrm{CT\,B2}} = \dot{I}_{\mathrm{CT\,B0}} = \frac{60}{200}\dot{I}_0 = 0.3 \times 49.4 \cong 14.8\,[\mathrm{A}]$$

したがって, 変流器の地点 CT A, CT B を流れる a 相電流は

$$\dot{I}_{\mathrm{CTAa}} = \dot{I}_{\mathrm{CT\,A1}} + \dot{I}_{\mathrm{CT\,A2}} + \dot{I}_{\mathrm{CT\,A0}} = 3 \times 34.6 = 103.8\,[\mathrm{A}]$$

$$\dot{I}_{\mathrm{CTBa}} = \dot{I}_{\mathrm{CT\,B1}} + \dot{I}_{\mathrm{CT\,B2}} + \dot{I}_{\mathrm{CT\,B0}} = 3 \times 14.8 = 44.4\,[\mathrm{A}]$$

地絡方向リレーに流れる電流は

$$\dot{I}_{\mathrm{リレ-\,A}} = 103.8 \div 200 = 0.519\,[\mathrm{A}]$$

$$\dot{I}_{\mathrm{リレ-\,B}} = 44.4 \div 200 = 0.222\,[\mathrm{A}]$$

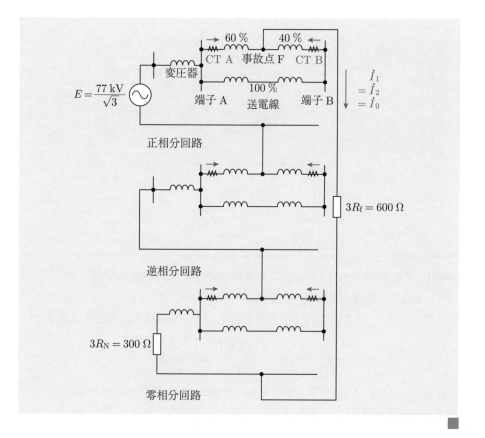

10.3.6　回線選択リレー方式

並行2回線送電線では，平常時や外部事故時は，一般に両回線には等しい電流が流れており，内部事故の際の両回線に流れる電流の差を検出して事故回線の判定を行う．両回線のCT二次側を差動接続し，リレーに両回線の差電流が流れるようにすると，内部事故時には事故回線と健全回線とで事故電流の大きさまたは方向に差が生じ，これを検出して事故回線の判定をする．1回線運転時は使用不能で，両回線同相事故時にも応動できないので，154 kV以下のローカル系統の主保護として使用されている．

10.3.7　過電流リレー方式

事故が発生した場合，電流が事故点にほかの健全部分から流れ込むために，事故電流は大きくなる．平常時の負荷電流より大きくなれば動作するもので，電流の大きさと動作時間が反比例するような特性をもたせれば，事故部分に最も近いリレーが最も早く動作する．これを**反時限特性**という．本方式は，二次送電系統や配電系統の保護，容量の小さな変圧器の保護に用いられている．

10.3.8　比率差動リレー方式

電流差動リレーの一種であり，変圧器の保護によく用いられている．変圧器では，一次側，二次側のCT特性差による不平衡電流や励磁突入電流，負荷時タップ切換変圧器のタップ切換による変圧比の変化による誤差電流が変圧器事故でな

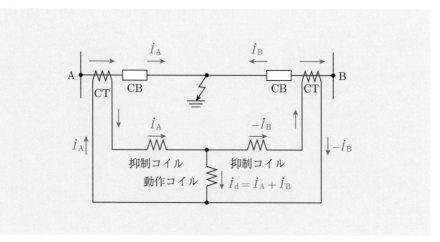

図 10.12　比例差動リレーの原理

い場合にも流れる．これらの電流による電流差動リレーの誤動作を防ぐために，図
10.12 のようにリレーに動作コイルのほかに抑制コイルを新たに設置して，この抑
制コイルに通過電流（負荷電流または外部事故電流）を流す．動作コイルの差電流
$I_d = |\dot{I}_A + \dot{I}_B|$ と抑制コイルの通過電流 $I_R = |\dot{I}_A| + |\dot{I}_B|$ との比が一定値（20〜
50％）以上になった場合にリレーが動作する．

10.3.9　保護方式の適用例

これまで説明した保護方式の送電線電圧階級別の適用例を表 10.1 に示す．

表 10.1　送電線保護方式の電圧階級別適用例

電圧階級		主保護	後備保護	
			短絡	地絡
500 kV		電流差動リレー 位相比較リレー	距離リレー	
187〜275 kV		電流差動リレー 位相比較リレー 方向比較リレー 表示線リレー	距離リレー	
154 kV 以下 高抵抗接地系	主要送電線	方向比較リレー 表示線リレー	距離リレー	地絡方向リレー 地絡過電流リレー
	一般送電線	回線選択リレー	距離リレー 過電流リレー	地絡方向リレー 地絡過電圧リレー

（電気学会誌 105 巻 12 号（1985 年）より作成）

10.4 事故波及防止リレー

10.4.1 事故波及現象と事故波及防止リレーによる対策の考え方

事故除去リレーの動作にもかかわらず，事故除去時間の遅延，広範囲な事故除去遮断などにより，潮流状態の急変，大規模な需給アンバランスなどが発生し，系統脱調，電圧異常，周波数異常，設備過負荷などの異常現象をひき起こし，全系に波及する場合がある．これらの異常現象を未然に防止したり，全系への波及を防止したりするのが**事故波及防止リレー**（事故波及防止リレーシステム）である．

(1) **脱調現象**　送電線地絡事故などの過酷事故が発生すると，8 章で説明した過渡不安定現象が発生し最悪の場合には発電機が脱調する．その状態を放置しておくと，ほかの発電機も連鎖的に脱調し広範囲な停電に波及するおそれがある．この脱調現象を防止するために，まず未然に防止するための主保護としての**脱調未然防止リレーシステム**と，脱調に至った場合に早期に脱調状態を解消するための後備保護としての**脱調分離リレーシステム**で構成されている．これらを総称して，**系統脱調・事故波及防止リレーシステム**という．脱調未然防止リレーシステムでは，安定性の崩壊を予測して早期に電源の一部を高速に解列したり，系統の分離を行ったりするなどの制御を行う．脱調分離リレーシステムでは，安定性の崩壊が始まったときに，脱調の電気的中心点の付近でこれを検知して系統分離を行い，局所的な脱調に留めて全系への波及を防止する．次節で詳細に説明する．

(2) **電圧異常現象**　系統事故時，事故除去後の系統構成の変化などにより無効電力の需給アンバランスが発生すると，電圧異常現象が発生する．特に，最近の誘導電動機負荷，インバータ負荷などのいわゆる定電力負荷が増えてくると，送電線事故や負荷の急増により電圧が低下し続け系統が崩壊する電圧不安定現象が発生するおそれがある．万一，電圧不安定性による系統崩壊が始まったときには，全系に拡大しないように調相設備投入や必要最小限の負荷遮断などの緊急制御を行う．これは**電圧崩壊防止リレーシステム**と呼ばれる．

(3) **周波数異常現象**　系統事故時，電源脱落や負荷脱落，連系線のルート断などにより有効電力の需給アンバランスが発生すると，周波数異常現象が発生する．発電量が負荷量より少ないと周波数は低下し，発電量が負荷量より多いと周波数は上昇する．需要家側では，周波数の異常現象は製品の品質低下をもたらし，発電側では，周波数が低下するとタービン動翼の共振やボイラ補機能力の低下などが発生

し，周波数が上昇するとやはりタービン動翼の共振や原子炉スクラムなどが発生する．その結果，発電機保護のために発電機が解列され，発電量不足になり周波数が低下し，ますます発電機が解列し系統が崩壊するおそれがある．これを防止するために，周波数異常低下については揚水機遮断や負荷遮断などを行い，周波数異常上昇については電源制限などの制御を行い周波数の維持を図る．これらは**周波数異常（上昇／低下）防止リレーシステム**と呼ばれる．

(4) **過負荷現象** 系統事故時，送電線や変圧器の解列などにより，この設備の解列前に流れていた電力が残りの設備に流れると定格容量を超えた過負荷になることがある．この場合，緊急制御として，負荷遮断や電源制限を行う．これは**過負荷防止リレーシステム**と呼ばれる．

10.4.2 脱調未然防止リレーシステム

　事故時の発電機（発電機群）の間の電圧位相差，あるいは発電機（発電機群）とその発電機（発電機群）が連系している系統との電圧位相差の動揺を，図 8.5 に示すように中央の計算機システムでシミュレーションし，その結果から加速脱調する可能性があれば，この脱調を未然に防止するのに必要な電源制限の最適制御量を予測演算し，発電機へ指令し実行する．演算条件を事前に予測，設定してシミュレーションを行う**事前演算形**と，事故現象をリアルタイムで計測しながらシミュレーションを行う**事後演算形**に大別できる．また，事前演算形には，代表的な予想される系統状態に対して手動で安定性のシミュレーションを行って発電機制御条件を設定する**オフライン事前演算形**と，オンラインで系統状態を計測し安定性のシミュレーションを自動で実施して発電機制御条件を設定する**オンライン事前演算形**がある．事前演算形のシステムの例を図 10.13 に示す．TSC-P（中央演算装置）では，現地よりオンライン系統情報を取り込み，系統状態を決定し，一定周期で，安定性の観点から過酷な故障監視点における想定故障について優先的に安定性シミュレーションを行い，想定故障ごとの電源制限対象発電機を決定し，その情報を TSC-C（子局装置）に送信する．TSC-C では，送電線・母線・変圧器保護リレーの動作情報などを取り込み，発生した故障の場所，様相を判定し，TSC-P から受信している発電機制御条件とあわせて判断し，電源制限信号を TSC-T（転送遮断装置）に送信する．TSC-T はこの電源制限信号を発電機に転送し発電機をトリップする．

　自所の電圧，電流などの情報だけで脱調現象を予測し，発電機または揚水機の一部を遮断することにより安定化を図る**自所演算形**の脱調未然防止システムもある．同期安定性は，本来系統に接続されるすべての発電機や揚水機，負荷および系統構

成の影響を受けるので，自所演算形脱調未然防止システムが適用できるのは，脱調現象が自所の情報だけで判別できる場合に限られることに注意を要する.

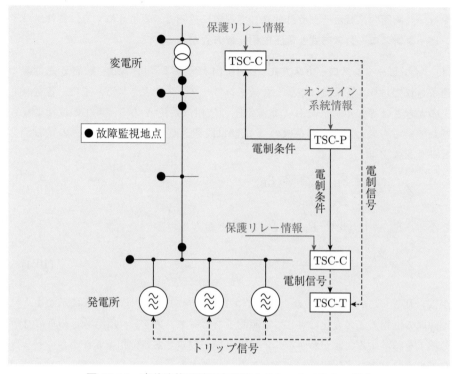

図 10.13 事前演算形脱調未然防止リレーシステムの構成

10.4.3　脱調分離リレーシステム

脱調現象が発生し，その初期の時点で，脱調現象の電気的中心点の両側の系統において それぞれ同期が維持されている場合に，その電気的中心点の付近で系統分離を行い，両側の系統がそれぞれ独立して安定に運転できるようにする．これには**インピーダンスローカス方式**と**電圧位相比較方式**がある．

(1)　インピーダンスローカス方式　図 10.14 に示すように，系統 A, B が送電線で連系されており，各系統は電源と背後インピーダンスで表される．また，各電源電圧の大きさは等しく，系統 B の電源電圧の位相は系統 A の電源電圧の位相よりも遅れているものとする．連系線の A 端側に設置されている距離リレーの見るインピーダンス $\dot{Z}$ は

$$\dot{Z} = \frac{(\dot{Z}_L + \dot{Z}_B)\dot{E}_A + \dot{Z}_A\dot{E}_B}{\dot{E}_A - \dot{E}_B} \tag{10.3}$$

となる．$\dot{E}_A = |\dot{E}_A|e^{j0}$, $\dot{E}_B = |\dot{E}_A|e^{-j\delta}$ とおくと

$$\dot{Z} = \frac{\dot{Z}_A + \dot{Z}_L + \dot{Z}_B}{2\sin\frac{\delta}{2}}e^{-j\left(\frac{\pi}{2} - \frac{\delta}{2}\right)} - \dot{Z}_A \tag{10.4}$$

が得られる．この (10.4) 式から測距インピーダンス $\dot{Z}$ は，図 10.15 に示すように電源間の位相差 δ の変化に対して電源間インピーダンス $\dot{Z}_A + \dot{Z}_L + \dot{Z}_B$ の垂直 2 等分線上を移動することがわかる．$\dot{Z}$ は，系統が安定である位相差 δ が小さいときは右下の点 S におり，位相差が大きくなるにつれて点 S から点 Q へ移動し，位相差 δ が π を超えて両系統が脱調する場合は点 P を越えて左上方向に移動する．点 P は電源間インピーダンス $\dot{Z}_A + \dot{Z}_L + \dot{Z}_B$ が等分される点であり，位相差 δ が π であり電圧が零になる電気的中心点である．したがって，測距インピーダンス $\dot{Z}$ が点 P 付近にきたときに脱調と判定し両系統を分離する．本方式は，ループ系統など系統構成が複雑になると脱調を検出することが難しくなる．

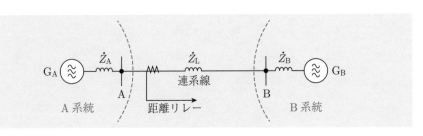

図 10.14　2 等価電源連系系統

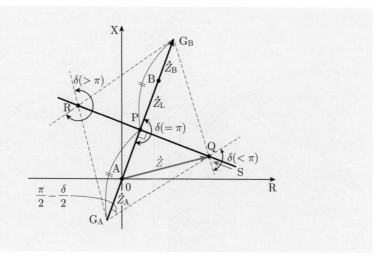

図 10.15 距離リレーの見るインピーダンス $\dot{Z}$ の動き

(2) 電圧位相比較方式 図 10.16 に示すように,系統 A の電源と系統 B の電源の電圧の大きさが等しく,それらの位相差 δ が π のときには,(1) で述べたように,電源間インピーダンス $\dot{Z}_A + \dot{Z}_L + \dot{Z}_B$ が等分される点は電気的中心点になり,その両側の電圧位相は反転する.そこで,送電線の両端の電圧 $\dot{E}_A$, $\dot{E}_B$ を送電線保護である電流差動リレーの伝送信号と一緒に伝送し電圧位相の検出を行い,図 10.17 に示すように $\dot{E}_A$ を基準にした $\dot{E}_B$ が ϕ_A 領域から ϕ_B 領域へ,または $\dot{E}_B$ を基準にした $\dot{E}_A$ が ϕ_B 領域から ϕ_A 領域へと移動することで脱調を検出する.

インピーダンスローカス方式と電圧位相比較方式の設置例を図 10.18 に示す.

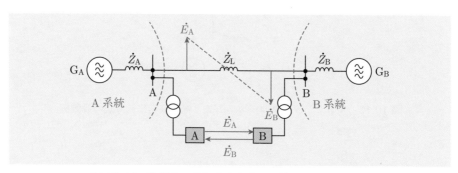

図 10.16 脱調時の電気的中心点の両端の電圧位相関係

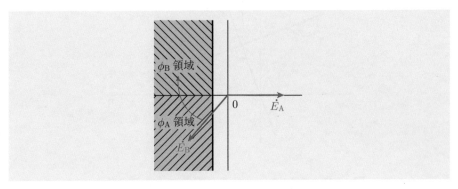

図 10.17　電圧比較方式の脱調検出原理

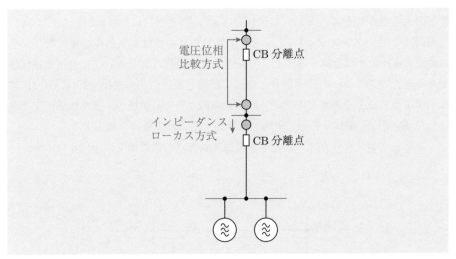

図 10.18　インピーダンスローカス方式と電圧位相比較方式の設置例

10 章の問題

□**1**　(10.2) 式を導け．ただし，送電線の正相インピーダンス $\dot{Z}_1$ と逆相インピーダンス $\dot{Z}_2$ は等しく，a 相地絡事故点の電圧は零とする．

□**2**　(10.3) 式より (10.4) 式を導け．

□**3**　下図に示す送電系統において，母線 2 から区間 B の 40 ％ の距離にある地点 F で三相地絡事故が発生した．区間 B での主保護リレーが誤不動作し，区間 B の遮断器が開放せず事故が継続中である．このとき，区間 A の母線 1 側に設置された後備保護リレーである距離リレー RyA の整定値が，$\dot{Z}_1$ の大きさ $|\dot{Z}_1|$ に対する ％ 値で表される場合，RyA が動作するためには，整定値は何 ％ 以上であればよいか求めよ．ただし，負荷電流と充電電流は無視できるものとする．図中の相電圧，線電流，インピーダンスは計器用変成器二次側に換算した値とし，RyA の測距インピーダンスの大きさは $\left|\dfrac{\dot{V}_1}{\dot{I}_1}\right|$ である．

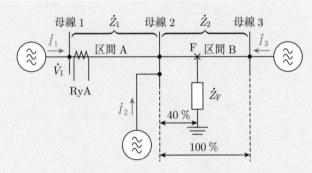

$$\dot{I}_1 = 30 + j\,0.0\,[\text{A}],\ \dot{I}_2 = 21 - j\,3.6\,[\text{A}],\ \dot{I}_3 = 15 - j\,3.9\,[\text{A}]$$
$$\dot{Z}_1 = 0.35 + j\,2.0\,[\Omega],\ \dot{Z}_2 = 0.22 + j\,1.2\,[\Omega],\ \dot{Z}_\text{F} = 0.10 + j\,0.0\,[\Omega]$$

（令和 2 年度電気主任技術者試験第 1 種電力・管理 問 4 より作成）

□**4**　下図に示す系統において，送電線の中間点で bc 相二線短絡事故が発生した場合，変圧器 T_S の 77 kV 側出口に設置された距離リレーに入力される各相の電流値および電圧値（いずれも 77 kV 側換算値）および下式に示す b 相の距離リレーが見るインピーダンス $\dot{Z}_\text{b}$ を求め，下図の円の内側で設定されている距離リレーの動作範囲内にあるか判定せよ．ただし，位相については電源 G_S の a 相内部誘起電圧を基準（零）とする．また，電源 G_S，G_R の内部誘起電圧は等しく 154 kV とし，短絡事故のアーク抵抗，発電機，変圧器，送電線の抵抗分は無視する．図中のインピーダンス値は，基準容量を 10 MV·A

ベースとし，基準電圧は各系統電圧とする．添え字 1, 2 は正相および逆相を表すものとする．

b 相の距離リレーが見るインピーダンス　$\dot{Z}_b = \dfrac{\dot{V}_b - \dot{V}_c}{\dot{I}_b - \dot{I}_c}$

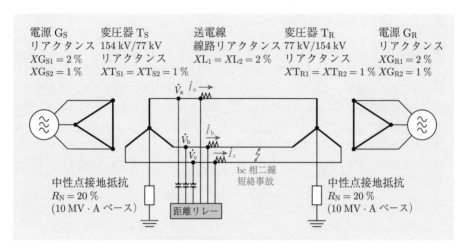

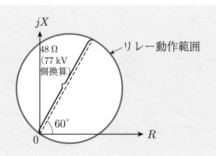

（平成 21 年度電気主任技術者試験第 1 種電力・管理　問 4 より作成）

11 過電圧と絶縁

前章までに定常状態にある送電線路や地絡事故などが起こった場合の送電線路を対象に解析や検討を行ってきたが，定常状態から故障状態に移行する過渡状態では，通常の運転電圧より高い種々の過電圧（異常電圧）が発生する．こうした過電圧はどのような原因で発生するか，また，この過電圧から送電システムを保護するにはどのようにすべきかを学ぶ．

11章で学ぶ概念・キーワード

- 雷過電圧
- 開閉過電圧
- 短時間過電圧
- 絶縁協調

11.1 過電圧とその種類

電力システムには，通常の運転電圧（**常規商用周波運転電圧**）より高い種々の**過電圧**（over voltage，**異常電圧**ともいう）が加わることがある．常規商用周波運転電圧と過電圧の種類をまとめて表 11.1 に示す．常規商用周波運転電圧には，電力システムの電圧を表すときに使う**公称電圧**（nominal voltage），正常運転時に系統内で発生する最大電圧を表す系統の**最高電圧**（highest network voltage），正常運転時に機器へ加わる最大電圧で絶縁設計に用いられる**最高許容電圧**（highest equipment voltage）がある．

一方，過電圧には，雷撃による**雷過電圧**（雷サージ），回路の開閉操作が原因で発生する**開閉過電圧**（開閉サージ），線路の一線地絡時の健全相電圧上昇などの商用周波過電圧などがある．ここで，過電圧はある地点での電圧がある時刻に上昇する現象を表した用語で，一方，サージは過電圧が系統を伝搬していく現象を表した用語である．雷過電圧と開閉過電圧を除く，ほかの過電圧を**短時間過電圧**と呼んでいる．この章では，過電圧の性質とその対策について述べる．

表 11.1 過電圧の種類

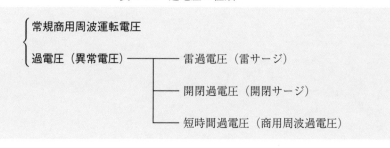

11.2 雷過電圧

11.2.1 雷現象

電力システムの故障の多数は，雷（かみなり）によるものである．通常，夏に発生する**夏季雷**（らい）を想定しているが，日本海沿岸で冬に発生する**冬季雷**（らい）の観測が進み，注目されている．

雷撃の機構を簡単に紹介すると，雷雲内の電荷分離が進み，部分的に正電荷あるいは負電荷が蓄積され，電界が臨界値を超えることで放電が開始する．雲の中や，雲と雲との間の放電が数としては多いが，電力システムにとっては地上に向かう放電（**対地雷撃**）が問題になる．

夏季雷の大半は，雲の下部に蓄積された負電荷から放電が始まり，雲から地表へ向かって50 m位進んでは休むことを繰り返すステップリーダ（stepped leader）として進展し，地表へ達すると，強い光と音を伴った主放電（return stroke）として雲へ戻っていく．この主放電が私達の目にする稲妻で，その瞬間に大電流が流れる雷撃となる．

ここまでの過程が第1雷撃で，約半数の雷撃はこれで終り，残りは第1雷撃だけでは雲の電荷を中和し切れずに，第2あるいは第3以降の後続の雷撃が発生する．これを**多重雷**（らい）と呼ぶ．

夏季雷はこのような負極性の放電が大多数であるが，日本の日本海側でよく観測される冬季雷では正極性の放電も半数近い割合となり，正極性の場合には進展と休止を繰り返すステップリーダが現れず最初から連続的に進展する放電となる．

地上に高い構造物があり，その先端の電界が雲より先に強くなると先端から放電が雲に向かって進展することがある．冬季雷では一般に雲底が低いので，こうした地上からの放電も起こりやすい．

11.2.2 雷撃電流の大きさと波形

送電線に雷撃があると主放電による電流が急激に電線内を流れる（図 11.1(a)）．このときに用いる等価回路は図 11.1(b) のような分布定数回路で表現できる．**雷撃電流**を i，線路のサージインピーダンスを Z とすると，線路上の発生電圧 e は $e = \frac{Zi}{2}$（ただし，$Z = \sqrt{\frac{L}{C}}$，L と C はそれぞれ単位長当たりのインダクタンスと静電容量）の関係より求めることができる．

雷撃でどのような高電圧が発生するかは，雷撃電流の大きさによって決定される．従って，雷撃電流の波高値を知っておくことが重要となり，その確率分布につ

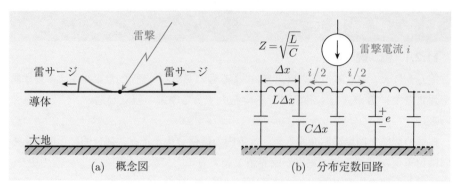

図 11.1　雷撃時における送電線の分布定数回路

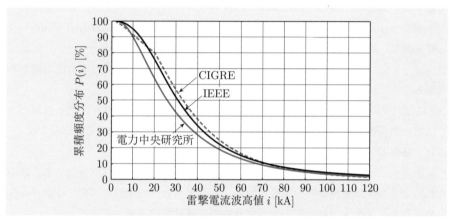

図 11.2　想定される雷撃電流（波高値）の累積頻度分布

いては，各国で実測結果が集積されている．それらの集積データに基づき，耐雷設計で用いるための雷撃電流値の頻度分布が規定されており，その例を図 11.2 に示す．図には，日本の電力中央研究所，ヨーロッパを中心とする国際大電力システム会議（CIGRE），米国電気電子学会（IEEE）がそれぞれ観測結果に基づいて規定した頻度分布を示している．図の縦軸 $P(i)$ は累積頻度で，横軸の雷撃電流（波高値）i がその値以上となる雷撃数の全雷撃数に対する割合を示している．例えば日本の送電線では，10 kA 以上の雷撃が 90 ％で，100 kA 以上の大きな雷撃になると4 ％弱であるという情報を得ることができる．

　3 つの頻度分布特性において，累積頻度 50 ％値の雷撃電流は，いずれも 30 kA程度となっている．つまり平均的には 30 kA の雷撃電流を想定していることにな

る．雷の極性は夏季では 90% が負極性であるが，冬季の日本海側では正極性と負極性の割合は同程度となる．

電力システムの絶縁設計を行う場合に，雷撃電流の波高値とともに，波形も重要となるが，波高値に比べて実測データがはるかに少ない．波高値は磁鋼片を用いて，雷撃電流で磁化されたあとの残留磁気からその値を推定できるのに対して，波形はオシロスコープなどを常設しておく必要があるためである．

波形については高電圧絶縁に関する国際会議などによって検討され，変圧器など電気機器の雷過電圧に対する絶縁性能を検証するための標準的な波形は，波頭長が $1.2\,\mu s$，波尾長（波高値の 50% に降下するまでの時間）が $50\,\mu s$ となっている．

一方，送電線や発変電所の耐雷設計で用いられる波形は，国によって少し差があり統一されたものはない．

日本では，送電線の耐雷設計で雷サージの計算を行う場合，雷撃電流の波頭は直線的に上昇し，その波頭長 $2\,\mu s$ で，波尾は十分長い波形を想定している．それに対して，発変電所の耐雷設計では，波頭は同じく直線的に上昇するが，波頭長は $1\,\mu s$ で，波尾については波尾長 $70\,\mu s$ で直線的に下降する波形を想定している．

11.2.3　雷 撃 回 数

年間の雷雨日数（雷鳴が聞こえた日数）を **IKL**（iso keraunic level）と呼んでいる．この値は，日本では 10〜50 の値をとっており，地域別でみると，東京や大阪で 10 程度，大きな値となるのは，北関東，富山，鈴鹿山脈，九州北部で 30〜50 となっている．世界でみると，アメリカでは 30〜80，ヨーロッパでは 5〜20 となっている．

1 年間でどの程度の**雷撃回数**があるかは，年·km^2 当たりの雷撃回数を表す対地雷撃密度が測定されていれば，その値を用いる方が正確である．しかし，十分なデータの蓄積がないところも多く，そのような場合には，IKL 値に 0.1 を掛けて対地雷撃密度を推定している．

送電線を対象とした場合，日本では 年·$100\,km$ 当たりの雷撃回数を次式により推定し，耐雷設計を行っている．

$$N = 43\sqrt{\frac{h}{25}}\,\frac{\langle \text{IKL 値}\rangle}{32.5}\,[\text{回}/(\text{年}\cdot 100\,\text{km})] \tag{11.1}$$

この式で h は送電線の平均高さ [m] を示し，鉄塔が高くなったときの雷撃回数の増加割合は高さの平方根に比例するとして見積もられている．

11.2.4　雷による過電圧

雷撃が原因で電力システムに発生する過電圧（**雷サージ電圧**）の発生原因は，大別して直撃雷と誘導雷とに分けられる．

(1)　直撃雷

直撃雷は電力設備に雷が直撃する場合であるが，通常，鉄塔は避雷針として働き，また，架空地線を一番高いところに配置し雷遮蔽を行って送電線の相導体には，直接，雷撃がないようにしている．しかし，雷遮蔽に失敗して相導体へ直撃してしまう「**導体直撃**」と，架空地線や鉄塔に雷撃しても，雷撃電流による電位上昇が発生し，もともと大地電位にある接地側の電位が高くなることによって，放電現象（フラッシオーバ，flashover）が生じてしまう「**逆フラッシオーバ**」が起こる．

図 11.3 に示すように，架空地線による雷遮蔽が失敗し，送電線の相導体に雷撃があると，波高値 e の雷サージが導体の両方向へ伝搬していく．雷撃電流 i が電流源からサージインピーダンス Z の相導体に供給されると考えると，雷サージ電圧の波高値 e は 11.2.2 でも示したように次式で与えられる．

$$e = \frac{Zi}{2} \tag{11.2}$$

（ i ）　**導体直撃**　送電線のサージインピーダンスは $300 \sim 500\,\Omega$ 程度であることから，例えば，$Z = 500\,[\Omega]$ とすると，平均的な雷撃電流 $30\,\mathrm{kA}$ でも雷サージ電圧 e は $7.5\,\mathrm{MV}$ という大きな値になる．こうした雷サージは，近くの鉄塔でがいし連のアークホーンをフラッシオーバさせたり，導体と架空地線の間の気中ギャップで火花放電が発生したりする．その結果，大きな事故につながること

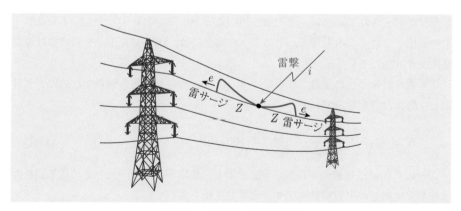

図 11.3　直撃雷（導体直撃）

から，架空地線の最適配置を行い，導体直撃の確率をできるだけ 0 に近づける
ことが基本となる．

（ⅱ）　**逆フラッシオーバ**　雷遮蔽に成功し，鉄塔あるいは架空地線に雷撃があった
場合に，雷撃電流が鉄塔を通って大地へ流入するために鉄塔側の電位 e_t が急激
に上昇し，がいし連のところでも電位 e_i の上昇によりフラッシオーバが生ずる
現象を逆フラッシオーバという．鉄塔逆フラッシオーバの例を図 11.4 に示す．
導体直撃の場合のように相導体の電位が高くなってフラッシオーバするのを順
方向と考え，本来は大地電位である鉄塔側の電位が逆に高くなってフラッシオー
バすることから，"逆" という用語が使われている．

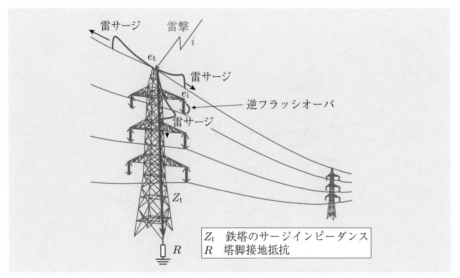

図 11.4　鉄塔での逆フラッシオーバ

　架空地線に雷撃した場合も，架空地線上を雷サージが両側に向って進行する．
このとき，架空地線と相導体間のエアギャップがフラッシオーバすることがあ
る．これを**径間逆フラッシオーバ**と呼ぶ．径間逆フラッシオーバは，鉄塔間の
径間の中央付近の架空地線に雷撃したときに生ずる可能性がある．ただし，こ
の部分では相導体のたるみのため，架空地線との離隔距離（クリアランス）が大
きいので，送電線で発生するフラッシオーバとしては，鉄塔逆フラッシオーバが
最も高い頻度のものとなる．

　（ⅰ）項で説明した導体直撃は極力起こらないように架空地線を設計すること
から，送電線で発生する雷サージ起因のフラッシオーバは，鉄塔逆フラッシオー

バによるものを中心に考える．従って，送電線路の耐雷設計を考える際には鉄塔
逆フラッシオーバの確率を正確に求めることが重要となる．現在では，過渡的な
電磁界計算を実行できる汎用プログラム **EMTP**（electro magnetic transients
program）を用いて種々の条件下で解析されている．

(2)　誘導雷

誘導雷は，電力設備に直接雷撃が生じなくても，図 11.5 に示すように，設備近傍
の落雷による電磁誘導でサージ電圧が発生する現象である．波高値は 100〜200 kV
程度で，それほど大きくないので，送電線ではなく配電線や通信線で問題となるこ
とが多い．ただ，発生回数は，直撃雷に比べて極めて多い．

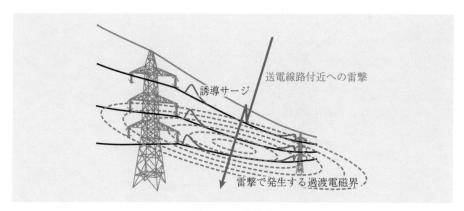

誘導サージ
送電線路付近への雷撃
雷撃で発生する過渡電磁界

図 11.5　誘導雷

11.2.5　雷サージの伝搬

　導体直撃や逆フラッシオーバが発生すると，相導体上を**雷サージ**が伝搬して発変
電所に至る．この雷サージは，自らがもつ高い電位によって，導体の電界がコロ
ナ放電開始電界以上になると，導体上にコロナ放電が発生することになる．その
ため，雷サージは伝搬していくにつれて，コロナ放電によりエネルギーが消費さ
れることから，サージ波高値が小さくなる減衰やサージ波形が変化する変歪が生
じる．

　雷サージの減衰と変歪の様子を模式的に示すと図 11.6 のようになる．最初 e で
あった波形は，コロナ放電開始電圧 e_c 以上の部分で波高値が低下し，τ だけ遅れた
ような波形になる．τ の値はサージが伝搬するにつれて大きくなり，図中の曲線 1
が 2 に変化するように，波高値部分が次第に削られるような変歪が起こる．

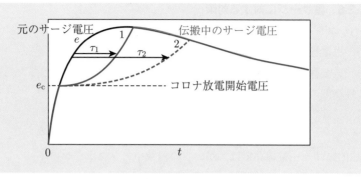

図 11.6 雷サージ伝搬時の波形の減衰と変歪

波高値の減衰は，コロナ放電によりサージのエネルギーが消費されることによって発生する．一方，波形ピーク部の遅れは，導体上をサージが伝搬していく速度から説明できる．サージの伝搬速度 u は次の式で与えられる．

$$u = \frac{1}{\sqrt{LC}} \tag{11.3}$$

ここで L と C は，それぞれ導体の単位長当たりのインダクタンスと対地静電容量である．コロナが発生していない場合の u は架空送電線では光速に等しい．ところが，コロナが発生すると，導体径が等価的に大きくなり C の値も大きくなり，一方，サージ電流は導体表面を流れることから L の値は変化しない．結果的に u は小さくなり，その分の遅れが τ となって現れる．

このような波形の減衰や変歪は変電所の耐雷設計において，重要な要素となりうるが，定量的な解析や実測結果が少ないことから，安全率の中に含めて考えることが多い．つまり，発変電所に侵入する雷サージを計算する場合，発変電所に最も近い第 1 鉄塔（発変電所の入口には，通常，引留鉄塔があるので，その次の鉄塔）で逆フラッシオーバが発生することを想定し，雷サージが減衰や変歪がなく発変電所へ到達するとして解析する．このように最も過酷な状況をもとに耐雷設計を行っている．第 2 鉄塔より遠くで逆フラッシオーバが生じてサージが発生した場合は，上述のように伝搬途中のコロナ放電による減衰・変歪効果のため第 1 鉄塔の場合より侵入サージが小さくなることから，通常は考慮しない．

11.2.6　雷サージに対する対策

電力システムを雷から保護する対策をまとめと,

(1)　送電線路や発変電所を架空地線や鉄塔で遮蔽する（雷遮蔽）

(2)　送電線路や発変電所の接地抵抗を小さくすることにより雷撃時の電位上昇を抑える（接地抵抗の低減）

(3)　避雷器を設置し過電圧の上限を抑える（避雷器の設置）

となる.

　具体的には, 送電線路では, がいしの個数やアークホーンのギャップの長さなどを, がいし連でのフラッシオーバ確率が適切な値以下になるように選定する. また, 発変電所では, 機器の絶縁を避雷器によって制限された雷サージ過電圧には耐えるように選定する.

(1)　雷遮蔽

　一般に, 送配電線や発変電所は, 架空地線や鉄塔を用いて雷遮蔽することが行われている. 架空地線と相導体の幾何学的配置が決まったとき, 雷撃電流の大きさによって雷遮蔽の確率がどのように変わるかを求める電気幾何学的モデルが利用されている.

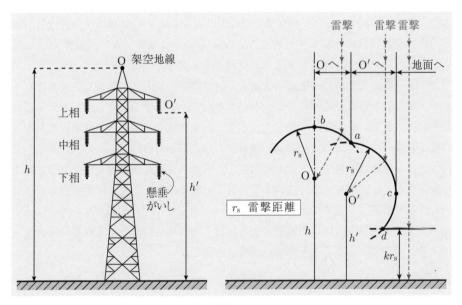

図 11.7　雷遮蔽の A-W モデル

実用化されている代表例が，1968 年に米国のアームストロング（H. R. Armstrong）とホワイトヘッド（E. R. Whitehead）の両氏が提案し，その頭文字を取った **A-W モデル**（**A-W 理論**ともいう）である．図 11.7 に示すように，架空地線および相導体を中心に半径 r_s の円弧を描き，また，大地面から距離 kr_s（$k = 0.7 \sim 1.0$）のところに直線を描く．雷放電の先端が近づいてきて，交点 a と c の間（交点 d が c より上方にある場合は，a と d の間）に達すると遮蔽失敗で相導体に雷撃（直撃雷）が発生し，それ以外の場合には架空地線ないし大地への雷撃となる．r_s [m] は**雷撃距離**と呼ばれ，次式のように雷撃電流 I_s [kA] の関数として与えられる．

$$r_s = 6.72 I_s^{0.8} \tag{11.4}$$

雷放電の経路は，大地面に対して垂直に下りてくるとは限らず，ある侵入角 θ に対して確率的に分布する．架空地線と相導体の配置を決め，雷撃電流 I_s と侵入角との確率分布を用いれば，A-W モデルから雷遮蔽がどのくらい成功するか，その確率を計算できる．

(2) 接地抵抗の低減

雷遮蔽に成功しても，雷撃電流が大地へ流入する過程において大きな電位上昇が生じないように，できるだけ低い抵抗で接地する必要がある．送電線では，鉄塔脚部で棒電極を地表に対して垂直に打ち込んだり，地表と平行に電線を埋め込む埋設地線を設けたりして，抵抗値の低減を図っている．さらに隣接する鉄塔との間を埋設地線で接続する連接地線を施工することもある．このようにして，**接地抵抗**は 10 Ω 以下，できるだけ数 Ω にするようにしている．

発変電所の場合には，棒電極を碁盤の目のように多数打込んでメッシュ状に接続することも行われている．

(3) 避雷器の設置

避雷器は，図 11.8 に示すように，過電圧が加わると大地へ電流を流しつつ電圧を制限し，過電圧の印加が終った後は，速やかに電流を制限して元の状態に復帰する働きをもっている装置である．名称に雷が含まれていることからわかるように，避雷器はもともと雷サージの保護が主な目的であったが，現在では，次節以降に述べる開閉サージや短時間過電圧に対しても保護するようになってきたので，国際的な名称では，lightning arrester から surge arrester（サージ保護装置）に変更されている．

現在，避雷器で用いられる非線形抵抗素子（特性要素）は，酸化亜鉛（ZnO）を主成分とするもので，その電圧–電流特性は図 11.8(c) に示すような性質をもっている．避雷器によって抑制される電圧とそのときに避雷器が処理する電流は，図 11.8(b) の等価回路を用いて同図 (c) に示す動作点から求めることができる．過電圧 e_1 に対しては低抵抗として働き大電流 i_1 を流すが，運転電圧の対地電圧波高値 e_2 に対しては高抵抗となり微小電流 i_2 しか流さない．

発変電所の機器の絶縁強度は，避雷器の設置を前提として，それぞれの機器に加わる電圧を過渡電磁界計算プログラム EMTP などで求め，それに耐えるように，標準値として与えられたいくつかの値の中から適切なものを選定することになる（後述の 11.5 節を参照）．

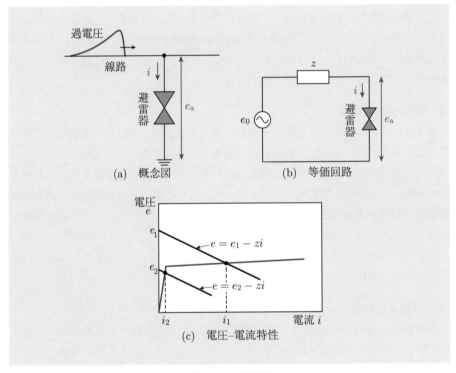

図 11.8　避雷器

11.3 開閉サージ

11.3.1 発生要因

発変電所に設置されている遮断器や断路器などで開閉操作する際に，回路の過渡現象によって発生する過電圧を**開閉サージ**と呼んでいる．開閉サージの波形や波高値は，線路長，系統構成や遮断器の性能などで変化するが，波高値までの時間は $20\,\mu\text{s}$～$2\,\text{ms}$ 程度で，継続時間は $100\,\mu\text{s}$～$10\,\text{ms}$ 程度である．開閉サージの標準波形としては，波頭長が $250\,\mu\text{s}$ で波尾長が $2500\,\mu\text{s}$ となるものが採用されている．ここでは，電圧が高い送電線で問題になっている開閉サージの代表的な発生機構について説明する．

(1) 高速度再開路

雷撃が原因で発生する地絡事故では，発生点で地絡電流が消滅すると，多くの場合，絶縁は回復することから，短い時間で系統の再閉路を行い復旧することが望まれる．事故遮断から再閉路完了までの時間が1秒以内のものを**高速度再閉路**と呼んでいる．高速度再閉路を行う場合，まず送電線の両端の**遮断器**を開いて，地絡を消滅させ，次に両端の遮断器を投入する再閉路動作を行う．しかし完全に三相同時とはならず，ある相では図 11.9 に示すように無負荷の送電線と接続することになる．このとき送電線は対地静電容量 C の電荷で決まる対地電圧 e_ℓ に保たれている．遮断器が投入されると，商用周波の瞬時電圧 e_t に向かって，送電線の電圧は過渡振動を行う．$e_\ell - e_t$ の差が大きいほど，過渡振動の波高値，すなわち開閉サージは大きくなる．

過電圧の大きさの指標として**過電圧倍数**（商用周波対地運転電圧波高値の何倍になるかで示す値）を用いる．高速再閉路起因の開閉サージの場合に日本では，その

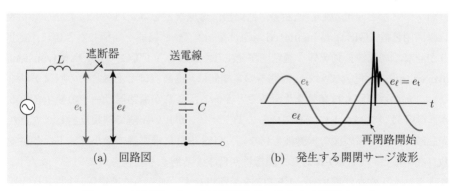

| (a) 回路図 | (b) 発生する開閉サージ波形 |

図 11.9 遮断器による高速再閉路時に発生する開閉サージ

倍数が 154 kV 系統で 3.3〜3.4 倍, 275 kV 系統で 2.6〜2.8 倍, 500 kV 系統で 1.75〜2.0 倍, 1000 kV 系統で 1.6〜1.7 倍に達することがある.

(2) 地絡電流の遮断

図 11.10 に地絡電流を遮断する場合の電圧, 電流を示す. 図 (a) に示すように, 送電線で地絡が生じ地絡電流 i が流れている状態で, 電流を遮断するために遮断器の接触している電極間を開くと, アーク放電が発生する. このときの波形を図 (b) に示すが, 電源電圧 e に対して, 短絡電流 i は回路のインダクタンスのため, 約 90 度遅れている. 遮断器の電極間の電圧は, i が流れている間はアークの電圧降下程度の小さな値 V_a になっている. 電流がゼロになる時刻 t_0 でアークが消えると, 図 (a) の遮断器の電源側の点 Q の電位は電源電圧波高値に向かう過渡振動を引き起こし開閉サージ電圧 V_r が発生する.

この場合の過電圧倍数は 1.8〜1.9 倍に達することがある.

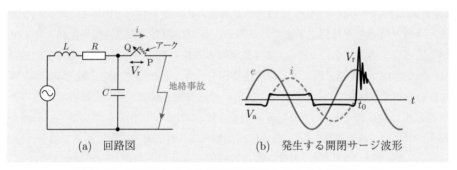

(a)　回路図   (b)　発生する開閉サージ波形

図 11.10　遮断器による地絡電流遮断時に発生する開閉サージ

(3) 断路器サージ

SF_6 ガスなどを充填し, 遮断器, 断路器, 母線などをコンパクトに集合したガス絶縁開閉装置 (GIS, gas insulated switchgear) で, 断路器を開極したときに, 立上りが急峻で高周波振動を伴う過電圧が発生し, これを **VFTO** (very fast transient overvoltage) と呼んでいる. 断路器の電極間は, 遮断器ほど絶縁耐力の回復が早くないことから何回も再発弧を生ずることがある. これが**断路器サージ**の発生となるが, GIS はコンパクトにできているので, サージが短い距離で往復反射し, 立上りが急峻で, かつ高周波の振動波形になる. GIS 内部に導電性の微小ダストなどが多数存在すると, VFTO に対して絶縁性が低下する懸念も指摘されている. ただし, 管理された正常な状態では, VFTO を特別視せずに通常の破壊電圧–時間遅れ特性 (V–t 特性) に従う絶縁性能をもっていると考えてよい.

(4) 地絡サージ

　一線地絡が発生すると，健全相の商用周波電圧が上昇するが，その地絡が発生したときの過渡現象を考えるとさらに大きなサージが発生する可能性がある．地絡点で瞬時に電位がゼロとなり，地絡点の両側に光速で電位ゼロの範囲が広がっていく．言い換えると，地絡した相導体の上をサージが伝搬していくが，このサージによって健全相にもサージが誘導されることになる．地絡時における健全相の商用周波電圧上昇に加えて，この誘導サージ成分が重ね合わされたものが**地絡サージ**である．地絡サージに対しての過電圧倍数は 1.6～1.7 倍になる．

　これまでに述べた高速再閉路や地絡電流遮断時に発生する開閉サージについては，11.3.3 で説明するようにサージを抑制する方法があるものの，上述の地絡サージに対してはそれを抑制する方法がない．したがって，1000 kV（UHV）送電線では，高速再閉路や地絡電流遮断時に発生する開閉サージを十分に抑制する対策が取られるため，逆に地絡サージの方が相対的に大きくなると予想され注目されている．

11.3.2 開閉サージに対する火花放電特性

　ギャップ長が 1 m を超える棒対平板電極に波頭長の異なるサージ電圧を印加すると，図 11.11(a) に示すように波頭長が数 100 μs 付近で火花電圧（絶縁破壊電圧）は極小値をとることが知られている．これを **U 特性**といい，極小値を取るときの

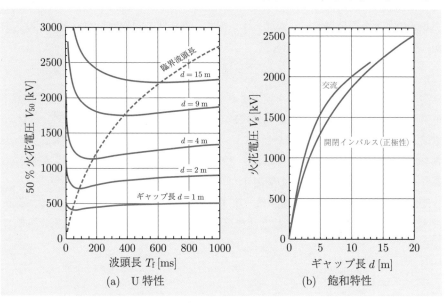

(a) U 特性　　　　　(b) 飽和特性

図 11.11 開閉サージに対する気中ギャップの火花電圧特性

波頭長（臨界波頭長）は系統で発生する開閉サージの波頭長と近いので，系統で開閉サージが発生した場合，気中の絶縁性能は低下することが予想される．また，図 11.11(b) に示すように，U 特性の特徴から開閉サージが印加されたときの火花電圧は交流電圧印加時に比べ低い値となると同時に，ギャップ長に比例して増加せず飽和する傾向が顕著となっており，留意する必要がある．

11.3.3　開閉サージに対する対策

発生する開閉サージを小さく抑えるために，

(1)　遮断器の性能向上
(2)　遮断器の抵抗投入
(3)　避雷器の利用
(4)　分路リアクトルの設置

などの対策がとられる．(3) の避雷器については，11.2.6 の (3) 避雷器の設置で説明したので，ほかの項目について説明する．

(1)　遮断器の性能向上

交流の場合，電流ゼロ点でアークが消滅し，その後，電極間の絶縁耐力が速やかに回復して遮断が成功する．もし絶縁の回復が十分でなく電極間に加わる電圧（**回復電圧という**）に耐えられないと再発弧が生じてしまう．再発弧が起こるタイミングが悪いと大きな開閉サージが発生するので，電極間の絶縁回復ができるだけ速やかに行われる遮断器が望ましい．

(2)　遮断器の抵抗投入

高速度再閉路などで遮断器を投入する場合，図 11.12 に示すように，まず接点 b を閉じて，回路に対し抵抗を直列に接続して過渡現象を抑制したところで，次に a を閉じる抵抗投入再閉路方式をとることがある．日本の 500 kV 系統では，この方式を用いて開閉サージの過電圧倍数を 2.0 倍以下に抑えている．275 kV 系統では，これを用いないために 2.8 倍の開閉サージが発生する．

遮断器で電流を遮断する場合は，まず a を開き，次に b を開くことで，抵抗投入遮断方式となり，再閉路時と同様に電流遮断時においても過渡現象を抑制できる．

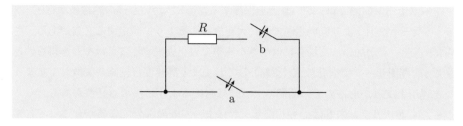

図 11.12 遮断器の抵抗投入遮断と抵抗投入再閉路

(4) 分路リアクトルの設置

図 11.9(a) において送電線と大地の間にリアクトルを接続すると，送電線の電荷を逃がすことで e_ℓ を減らすことができ，最終的に高速度再閉路時における開閉サージを抑制できる．日本の 1000 kV（UHV）送電では遮断器の抵抗投入方式とあわせて，分路リアクトルを利用し，高速度再投入時の開閉サージを 1.6 倍に抑えている．

11.3.4 送電線路の絶縁

送電線路，特に鉄塔周囲の絶縁は，図 11.13 に示すように，多様な間隔の空気ギャップで構成されている．がいし連の表面が汚損した場合は，交流の電圧が問題となることもあるが，基本的には，これらの空気ギャップは開閉サージに耐えるように設計することになる．

図中の a はアークホーン間隔，b と c はクリアランスと呼ばれる．c はがいし連が風で横振れして狭くなった場合を想定し，a や b より大きくする．

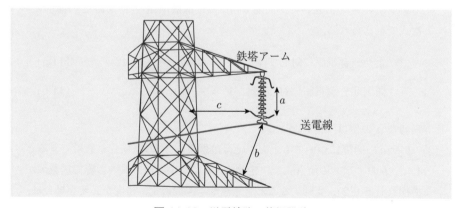

図 11.13 送電線路の絶縁設計

　アークホーン間隔 a は，がいし連を保護するために，がいし連の絶縁破壊電圧（フラッシオーバ電圧）より低い電圧で先に火花放電するように設定する必要がある．さらに，雷サージが加わった場合には小さな確率で火花放電することはやむを得ないとするが，開閉サージで火花放電（橋絡）してしまうと高速度再閉路が失敗してしまうなど運用上支障があるので，開閉サージには耐えるように決める必要がある．

　また，クリアランス b は，もし雷サージによって b の部分で短絡が起こってしまうと，電線に損傷が生じてしまう恐れがあることから，放電電圧の統計的変動も考慮して a よりも大きな値とする．以上の**絶縁設計**については，次の例題 11.1 で体験してみることができる．

　なお，適切ながいし個数については，がいしのフラッシオーバ電圧が最も低下する塩害汚損時の値などを考慮して決めることになる．

例題 11.1

　図 11.13 の鉄塔を 500 kV 送電鉄塔と想定して，以下の手順でアークホーン間隔 a，クリアランス b および c の間隔を定めることにより絶縁設計を行ってみよう．

(1)　わが国の 500 kV 送電線路では，系統の最高電圧（運転電圧の 1.1 倍）の対地波高値を基準として，その 2.0 倍の開閉サージが発生すると考えて設計を行っている．この開閉サージの大きさは何 kV か．

(2)　がいし連の雷サージに対する絶縁破壊電圧は 1550 kV で，この電圧によってがいし連は破損する恐れがある．一方，開閉サージ電圧に対しては，どの部分でも絶縁破壊を起こしてほしくない．ここで，がいし連を保護するアークホーンにおいて，間隔 a [m] と絶縁破壊電圧 V [kV] との関係は，次式で与えられる．

$$雷サージ電圧に対して：\quad V = 600a \tag{11.5}$$

$$開閉サージ電圧に対して：\quad V = \frac{4400}{1 + \frac{8}{a}} \tag{11.6}$$

　適切な a の値は，何 m か．

(3)　b や c の間隔についても上記の絶縁破壊電圧 V の関係式が適用できるとして，b および c の値 [m] を決定せよ．c については，風の影響で送電線が横揺れして ± 2 m 変動することを考慮せよ．設計上，裕度が必要な場合は，10 % を仮定してよい．

【解答】 (1) 系統の最高電圧は運転電圧 500 kV の 1.1 倍であるが，この値は線間電圧であることから対地電圧に変換し，その波高値を求めた上でさらに 2.0 倍にすることで，下記の通り開閉サージの大きさを得ることができる．

$$500 \times 1.1 \times \frac{\sqrt{2}}{\sqrt{3}} \times 2.0 = 898\,[\text{kV}]$$

(2) 1550 kV の雷サージ電圧で絶縁破壊するアークホーン間隔 a は (11.5) 式を用いて

$$a = \frac{1550}{600} = 2.58\,[\text{m}]$$

また，(1) で求めた 898 kV の開閉サージ電圧を (11.6) 式に代入して

$$a = 2.05\,[\text{m}]$$

となる．従って，適切な a としてはこの中間にあたる

$$a = 2.3\,[\text{m}]$$

を得る．

(3) クリアランス b は (2) の結果に裕度 10 ％ を考慮することで

$$b = 2.3 \times 1.1 = 2.5\,[\text{m}]$$

また，間隔 c については風による送電線の横揺れと裕度を考慮することで

$$c = (2.3 + 2.0) \times 1.1 = 4.7\,[\text{m}]$$

と定めることができる．

11.4 短時間過電圧

雷過電圧や開閉過電圧より過電圧の継続時間が長くなり 10 ms 以上となるものを，**短時間過電圧**（temporary overvoltage）と呼んでいる．短時間過電圧には種々のものがあり得るが，特に問題になるのは，既に 9.6.2 で説明した一線地絡時の健全相電圧上昇と，次に説明する負荷遮断時の過電圧である．いずれも波形は商用周波成分が基本となることから，商用周波過電圧とも呼ばれる．

負荷が急に遮断されると，発電機の機械的入力が急には減らないことから発電機の回転数が上がり内部誘起電圧が上昇する．これに，発電機の自己励磁と送電線のフェランチ効果（7.5 節参照）による電圧上昇が加わる．自己励磁とフェランチ効果は，いずれもインダクタンス L に，送電線路の静電容量 C に起因する進み電流 $j\omega CV$（V：送電電圧）が流れたため，電圧降下が負になる（$j\omega L \times j\omega CV = -\omega^2 LCV$），すなわち出力側の電圧が逆に上昇する現象である．

短時間過電圧の大きさを解析する手法として，一線地絡時の健全相電圧上昇については，9.6 節で述べた非対称故障計算が用いられ，また，負荷遮断時などの過渡現象を含んだ過電圧の解析では，過渡現象解析プログラムである EMTP なども用いられている．

日本において，154 kV までの送電線では一線地絡時の健全相電圧上昇が短時間過電圧で最も大きく，その過電圧倍数は 1.7 倍程度に達するものの，187 kV 以上の送電線では直接接地系統であることから 1.2〜1.3 倍になる．一方，全負荷遮断時の過電圧倍数は 1.2〜1.4 倍と想定されている．したがって，187 kV 以上の系統では，全負荷遮断時の過電圧も考慮に入れた絶縁設計を行う必要がある．

短時間過電圧の抑制という観点で，まず，一線線地絡時の健全相電圧上昇に対しては，9.8 節で述べた中性点直接接地方式が有効である．また，負荷遮断による過電圧は，避雷器の選定において考慮したり，8.5 節の安定度向上策で述べた直列コンデンサ，静止型無効電力補償装置（SVC），発電機の自動電圧調整装置（AVR）などを利用したりすることによって低減できる．

11.5 絶縁協調

電力システムの**絶縁設計**を考える場合，送電線路や発変電所の状況，サージ電圧や短時間過電圧の性質などが相互に関連していることを理解しておく必要がある．例えば，送電線路に侵入した雷サージが発変電所に到達することから，送電線路の絶縁が発変電所での過電圧の大きさや頻度を決めることになる．また，避雷器は，商用周波過電圧が加わった状態で雷サージや開閉サージを低減できるので，上手に避雷器の定格電圧や制限電圧を選択すると，雷サージや開閉サージに対する機器の絶縁も低減できる．

電力システムの絶縁を，技術的にも経済的にも，また運用上からも，全体としてバランスのとれた合理的なものにする概念，これを**絶縁協調**（insulation co-ordination）と呼んでいる．

具体的には，電力システム各部の絶縁特性を適切に把握して，絶縁破壊事故が起こるとしてもその被害が最も小さくなる箇所に限定する．例えば，雷サージのように完全に対策するのは経済的でない対象については，フラッシオーバが生じても大きな被害に至らない送電線のアークホーンに限定することを考える．

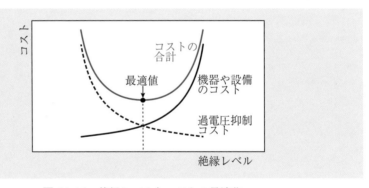

図 11.14 絶縁レベルとコストの最適化

また，機器や設備の絶縁強度と避雷器のなどの保護性能は，システム全体の性能や経済性を考慮して決定される．例えば，図 11.14 で示すように，機器や設備のコストは，絶縁レベルを上げるほど絶縁強度を高める必要から上昇する．一方，過電圧抑制のコストについては，絶縁レベルを下げるために避雷器による制限電圧を下げると動作回数が増加してしまい，その対応のためにコストは上昇することになる．コストの合計値は図 11.14 より，2 つの曲線の交点付近のどこかの絶縁レベ

で最適な値をとることになる．このことは章末の問題 3 を解くことにより，理解が
進むであろう．

　概念を理解したところで実際に各部の絶縁強度を決定することを考えてみる．絶
縁強度としては，避雷器など保護装置の性能に応じて，加わる過電圧を想定し，適
切な値を選定する．電力システムで用いられる変圧器などの機器の絶縁強度に対し
ては，いくつかの標準的なレベル（耐電圧試験の値）が決められていて，その中か
ら適切なものを選ぶことになる．

　例えば日本の 500 kV 系統では，電気学会電気規格調査会によって制定された標
準規格「JEC-0102 試験電圧標準」に準拠すると，雷インパルス耐電圧試験の値に
おいて，1300 kV, 1425 kV, 1550 kV, 1800 kV の 4 レベルが標準として用意されて
おり，この中から選ぶことになる．高性能な酸化亜鉛形避雷器で保護されている変
電所では，変圧器は最も低い 1300 kV の絶縁レベルを選ぶことができる．500 kV
の変圧器は，1994 年までは 1550 kV の絶縁レベルが標準であったことを考えると，
避雷器の技術進歩による貢献と言える．

11章の問題

□**1**　日本において IKL が 30 日で，平均高さ 50 m の送電線への雷撃回数を，(11.1) 式により推定せよ．また，このうち 100 kA を超える雷撃回数はどの位か．

□**2**　図 11.4 において，雷撃電流 i が，波高値 150 kA，波頭長 2 μs で，波頭は直線状に上昇する波形のとき，次の問に答えよ．

(1)　雷撃電流 i を，$0 \leqq t \leqq 2\,[\mu s]$ の範囲で t の関数として示せ．

(2)　架空地線のサージインピーダンス $Z_{\mathrm{G}} = 500\,[\Omega]$，鉄塔のサージインピーダンス $Z_{\mathrm{T}} = 100\,[\Omega]$ のとき，鉄塔雷撃時の鉄塔電流 i_{T} を t の関数として示せ．ただし，雷撃電流は各サージインピーダンスの逆数に比例して分流すると仮定してよい．

(3)　鉄塔頂の電位は，塔脚接地抵抗からの反射波が戻ってくるまでの間，(2) で求めた i_{T} に Z_{T} をかけた値に従って上昇する．鉄塔高が 50 m，サージは光速で伝搬する場合，鉄塔頂部の電位は最大何 kV まで上昇するか．

□**3**　雷過電圧が，変電所等に進入してきたときにその過電圧を抑制し絶縁協調を取るために重要な役割を果たすのが避雷器である．この避雷器を適切に選定するためには，

①　過電圧をある一定値以上にしないようにする制限電圧 U_{L} を決定すること

②　比較的小さな過電圧に対してはその電圧が避雷器に加わっている状態でさらに高い過電圧が加わっても正常に動作できる上限の電圧（これを定格電圧 U_{R} と呼んでいる）を決定すること

が要求される．以下の手順で，合理的かつ経済的な U_{L} と U_{R} の値を決定してみることにする．

(1)　まず，制限電圧の最適化を図る．制限電圧 U_{L} を対地電圧 U_0 で規格化した値 X（$= \frac{U_{\mathrm{L}}}{U_0}$）を用いたときに，避雷器のコスト C_1 [億円] を表す適切な関数形を A 群の中から選択せよ．

(2)　避雷器によって保護される機器は，制限電圧にマージンを加えた絶縁強度で設計する．その機器のコスト C_2 [億円] を X の関数として表したとき，最も適切な関数形を A 群の中から選択せよ．

〈A 群〉　①　$0.5(X-1)^2 + 20$　　②　$-0.5(X-1)^2 + 20$

　　　　　③　$\dfrac{8}{1-X}$　　　　　　④　$\dfrac{8}{X-1}$

(3)　設問 (1), (2) の結果を利用して，制限電圧の最適値 $X_{\mathrm{m}}, U_{\mathrm{Lm}}$ を求めよ．

(4)　次に，定格電圧の最適化を図る．定格電圧 U_{R} を対地電圧 U_0 で規格化した値 Y（$= \frac{U_{\mathrm{R}}}{U_0}$）を用いたときに，避雷器のコスト C_3 [億円] を表す適切な関数形を B 群の中から選択せよ．

(5) 定格電圧 U_R を下げるにつれて，避雷器は頻繁に動作するようになり，これを回避するためにシステム内で発生する過電圧を抑制する対策が必要となる．そのためのコスト C_4［億円］を Y の関数として表したとき，最も適切な関数形を B 群の中から選択せよ．

〈B 群〉　⑤ $\dfrac{8Y}{X_m - Y}$　　⑥ $\dfrac{8Y}{Y - X_m}$

　　　　　⑦ $\dfrac{4Y}{X_m(Y - 1)}$　　⑧ $\dfrac{4Y}{X_m(1 - Y)}$

　　ただし，X_m は設問 (3) で求めている規格化した制限電圧の最適値である．

(6) 設問 (4), (5) の結果を利用して，定格電圧の最適値 Y_m, U_{Rm} を求めよ．

12 地中送電線路

　前章まで述べてきた架空送電線路は自然の脅威（雷撃，台風，風雪，塩害など）にさらされており，また，景観上も気になる人もいることから，これを目に触れない地下に設置できれば種々の懸念をかなり緩和できると誰もが考える．確かに大都市を中心に送配電線の地中化は進んできているものの，全面的な地中化には至っていない．それには理由があり，それを含めて地中送電線路の構成や特性を学ぶ．

12章で学ぶ概念・キーワード
- 電力ケーブル
- CV ケーブル
- OF ケーブル
- 許容電流
- 送電容量と臨界ケーブル長

12.1　地中送電線路の構成

　架空送電線は電気的にも機械的にも自然の脅威にさらされていると言える．そこで電力用ケーブルによる地中化を行うと，

(1)　雷撃に対する耐性が向上する

(2)　塩害，台風，雨水の害が少ない

(3)　電磁誘導による通信雑音を軽減できる

(4)　景観の面でも良い

という利点が出てくる．一方，欠点としては，

(1)　電力ケーブルは架空線に比べると高価である

(2)　絶縁破壊が起こると致命的である

(3)　ケーブルの静電容量により交流の長距離送電が難しい

ということが挙げられる．この中の利点を活かす形で，地中化は都市部において超高圧系統を含む送配電線で利用が進んでいる．こうした背景をもつ送配電線の地中化において，**地中送電線路**を中心にまずその構成から述べる．

12.1.1　電力用ケーブル

　地中送電線路として用いる電力用ケーブルには，**CV ケーブル**（cross-linked polyethylene insulated polyvinylchloride sheathed cable；XLPE ケーブルとも呼ばれる），**OF ケーブル**（oil filled cable），**POF ケーブル**（pipe type oil filled cable），**GIL**（gas insulated transmission line）があり，それぞれ表 12.1 に示す使用電圧に対して適用されている．

表 12.1　各種電力ケーブルの使用電圧

種類	使用電圧 [kV]
CV ケーブル	0.6〜500
OF ケーブル	66〜500
POF ケーブル	154〜500
GIL	154〜500

(1) CV ケーブル

CV ケーブルは図 12.1 に示すように，導体を半導電層および架橋ポリエチレン層で被覆した上に，半導電層とアルミ被覆，そしてビニル防食層（ビニルシース）を施した構造となっている．架橋ポリエチレンはポリエチレンの分子間に橋かけ（架橋）を行い網状の分子構造にしたものであり，ポリエチレンと比較して耐熱性，機械的性能が向上し，同時に誘電率や誘電正接が小さく，耐電圧が高いというポリエチレン本来の優秀な性能を維持し続けているという特徴がある．現在，電力ケーブルの主力になりつつある．

(2) OF ケーブル

OF ケーブルは図 12.2 に示すように，単心の場合には導体中心に，また，3 心の場合には絶縁材充填部に油通路を設け，給油設備から大気圧以上の圧力で低粘度の絶縁油を流動させることにより，気泡ボイドが発生しない油浸紙絶縁を構成している．絶縁紙としては従来，クラフト紙が用いられてきたが，最近ではプラスチックフィルムをクラフト紙ではさみ込んで 1 枚の紙にした半合成紙が主に用いられている．絶縁層の外側にアルミ被覆とビニル防食層を設けている．絶縁油の流動による冷却効果もあるために許容電流が大きくなる特徴をもっている．

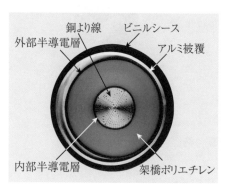

図 12.1 CV ケーブルの構造

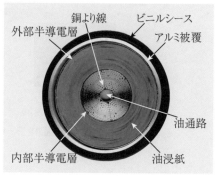

図 12.2 OF ケーブルの構造

(3) POF ケーブル

POF ケーブルは OF ケーブルと同系で，気密な防食鋼管の中に，絶縁油含浸の絶縁紙で巻かれたケーブルを 3 心引き入れ，15 気圧程度に加圧された絶縁油を充填する構造となっている．パイプケーブルと呼ぶこともある．日本では CV ケーブルや OF ケーブルに比べて使用例は少ない．

(4) **GIL**

　GIL は図 12.3 に示すように，中心導体にアルミパイプを使用し，これをエポキシ樹脂製絶縁スペーサでアルミ製パイプ状シース内に支持する構造をもっている，中心導体とシースとの間の空間には，比誘電率がほぼ 1 で誘電正接が極めて小さい気体材料（現在のところ絶縁性の観点から主に SF_6 ガスを利用）を充填した構成となっている．発生損失が小さく放熱性が良いことから，架空送電線と同等の送電容量が得られるので大容量送電線路として期待されている．CV ケーブルや OF ケーブルと比べて静電容量が小さく，充電電流補償を必要としない特徴もある．日本では 1998 年には世界最長クラスとなる亘長 3.3 km の 275 kV 2 回線 GIL（中部電力新名火東海線）が実用化されている．

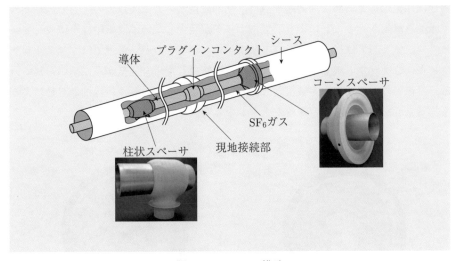

図 12.3　GIL の構造

12.1.2　布　設　方　式

電力用ケーブルの**布設方式**には，直接埋設式，管路式および暗渠式がある（図12.4）．

直接埋設式は，大地に直接ケーブルを埋設する方式で，防護物として土管やコンクリートトラフなどを設ける．電力用ケーブル4条程度までの小規模の場合に用いられる．

管路式は，鉄筋コンクリート管，鋼管などで16条までの管路を築造して，これにケーブルを引き入れる方式のもので，適当な間隔をおいてマンホールを設け，ケーブル引入れや接続はこの箇所で行う．

暗渠式は，一般にトンネルの中にケーブルを布設する方式のもので，20条以上の多条数布設に適している．**共同溝式**はその一種で，これには上・下水道，ガス，電話，電力など種々の工作物を同列におさめるようにしている．都市部ではこの方式の布設が推進されている．

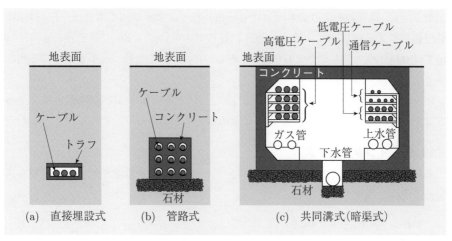

図 12.4　電力ケーブルの布設方式

12.2　地中送電線路の線路定数

12.2.1　抵　　　抗

電力用ケーブルの導体は，通常，標準軟銅であるが，アルミより線も用いられることもある．電力用ケーブルでは，心線の断面積が大きく他相の導体と近接して配置されることもあって，表皮効果や近接効果のために電流分布が導体表面や他相の導体側にかたより，抵抗が増大する傾向にある．商用周波数において，断面積が $250\,\mathrm{mm}^2$ 以下では無視できるが，$1000\,\mathrm{mm}^2$ 以上では影響が大きいので，導体を 4 ないし 6 分割して絶縁したり，素線の表面をうすい皮膜で絶縁したりする場合もある．これらを考慮すると，導体 1 条当たりの抵抗 r_c は次式で与えられる．

$$r_\mathrm{c} = \frac{1}{58}\frac{K_1 K_2 K_3}{A\eta} \times 10^5 \ [\Omega/\mathrm{km}] \tag{12.1}$$

ここで，標準軟銅の抵抗が断面積 $1\,\mathrm{mm}^2$，長さ $1\,\mathrm{m}$ で $\frac{1}{58}\,\Omega$ であることを用い，A は導体断面積 $[\mathrm{mm}^2]$，η は ％ で表した導電率で標準軟銅では 100，アルミでは 61 となる．K_1 は素線のより合わせ（より込み）などによる抵抗の増加率，K_2 は抵抗温度係数による増加率で，温度 $t\,[^\circ\mathrm{C}]$ に対して $1 + \alpha(t - 20)$ で与えられる．α は銅では 0.00393，アルミでは 0.0040 である．K_3 は表皮効果，近接効果による増加率である．

電力ケーブルの場合，後に述べるように r_c によるジュール熱が送電容量を決める重要な要因になるので，r_c を正確に求める必要がある．

12.2.2　インダクタンス

導体 1 条当たりのインダクタンス L は，シースに流れる電流を無視すると架空送電線と同様に次式のようになる．

$$L = \frac{\mu_0}{4\pi}\left(\frac{\mu_\mathrm{s}}{2} + 2\log\frac{D}{r}\right) \tag{12.2}$$

ここで，D は導体間の中心距離，r は導体半径，電力用ケーブルでは $\frac{D}{r}$ が小さいために，インダクタンスは架空送電線の $\frac{1}{3}$ 程度の $0.4 \sim 0.5\,\mathrm{mH/km}$ となる．

なお，OF 単心ケーブルのように，導体中心に油の通路があり中空導体になる場合は，この影響を考慮してインダクタンスを求める必要がある．

12.2.3 静 電 容 量

単心で大地電位のシースがある場合の静電容量 C は，同軸円筒の場合と同様に次式で与えられる．

$$C = \frac{2\pi\varepsilon_0\varepsilon_s}{\log\frac{R_0}{r}} \tag{12.3}$$

ここに，ε_0 は真空の誘電率，ε_s は絶縁体の比誘電率，R_0 はシースの内半径，r は導体の半径である．

電力用ケーブルの静電容量は，架空線に比べて大きく 20〜25 倍の $0.2\,\mu\mathrm{F/km}$ 程度の値となる．

💭 **無効電力を考える（その 2）**

　もう 1 つ，無効電力の特質を示す例を挙げておきたい．4 章の「無効電力を考える（その 1）」と同様に，系統の負荷がインダクタンスのみの回路において，送電路も近似としてインダクタンスのみとする．その結果，電源に 2 つのインダクタンスが直列に接続されていると見なせる．このとき，送電路と負荷のインダクタンスの大きさが 1 : 9 である場合を想定すると，負荷に加わる電圧は分圧比の考え方から電源電圧の 90 % になる．もし，これが現実の電力系統で起こってしまうと，「規定値の 95 %〜107 % の範囲内にする」という規程を逸脱しているので，負荷と並列にキャパシタンスを追加で接続する調相を行って，何とか電源電圧の 95 % 以上 100 % 近くに戻す必要がある．ただし，こうした設備の増設を行っても，負荷側では有効電力を使っていないので，残念ながら電力料金を追加徴収できない．この例からわかるように，無効電力は電力系統での電圧変動やその調整に深く関わっている．

12.3　地中送電線路の送電特性

12.3.1　地中送電線路の損失

電力用ケーブルの**電力損失**には，心線の**抵抗損**に加えて交流では**誘電体損**とシースに流れる電流による**シース損**がある．

(1)　抵抗損

ケーブル単位長当たりの**抵抗損** W_c は，単位長当たりの抵抗を R，電流を I とすれば，次式のように表される．

$$W_\mathrm{c} = RI^2 \tag{12.4}$$

抵抗損は電力用ケーブルの損失の中で最も大きく，ケーブルの許容電流を決める主要因になる．

(2)　誘電体損

ケーブル単位長当たりの**誘電体損** W_d はケーブルの単位長当たりの静電容量を C，対地電圧を E，角周波数を ω とすれば，次式のようになる．

$$W_\mathrm{d} = \omega CE^2 \tan\delta \tag{12.5}$$

ここで $\tan\delta$ は誘電正接である．電力用ケーブルの誘電体損は必ずしも大きいとは言えないが，(12.5) 式で示されるように電圧の 2 乗に比例して急増するので高電圧，特に 275 kV 以上では問題となる．

(3)　シース損

交流の場合，心線導体の電流によって生じた磁束のうちシース導体と鎖交する磁束は，渦電流損の原因となる．また，シース外部の磁束はシースに心線電流と逆方向の誘起起電力を発生させてシース電位を生じたり，シース電流回路が形成されるとシース電流による抵抗損を生じたりする．こうしたシースで生じるうず流電損と抵抗損をあわせて，**シース損**と呼んでいる．3 心ケーブルでは一般に問題とならないが，単相ケーブルを三相分離して設置している場合には，注意が必要である．

12.3.2　地中送電線路の許容電流

電力用ケーブルの絶縁体は，融点近くの高温になると絶縁性能が低下する恐れがあるので，導体の温度に許容限度が設けられている．例えば，CV ケーブルでは，常時 90 °C，短時間（数分から数時間の過負荷状態）で 105 °C，瞬時（秒オーダの

故障電流）で 230 °C が，導体の**最高許容温度**である.

これら 3 種類の最高許容温度に対して，流し得る**許容電流**が定まり，これによって地中送配電線路の**送電容量**が決められる.

ここで，常時許容電流の求め方を考えてみる. 基本となるのが，熱伝導におけるオームの法則であり，熱伝導における温度差，熱量，熱抵抗は，電気伝導の電位差，電流，抵抗とのアナロジーから，その間にオームの法則が成立するというものである. いま標準値としてとる大地の基底温度を T_g，ケーブル温度を T_c，その間の熱抵抗を R_{th} とすれば，ケーブルからの単位長当たりの放熱量 W_r は次式となる.

$$W_r = \frac{T_c - T_g}{R_{th}} \tag{12.6}$$

一方，ケーブル単位長当たりの導体抵抗を R，電流を I としたとき，心線導体における単位長当たりの発熱量 W_h は，(12.4) 式を用いて次式で示される.

$$W_h = RI^2 \tag{12.7}$$

これらより発熱量と放射量の平衡点でのケーブル電流は，

$$I = \sqrt{\frac{T_c - T_g}{RR_{th}}} \tag{12.8}$$

となる. 加えて，(12.5) 式で与えられたケーブル絶縁体における単位長当たりの誘電体損 W_d を考慮する場合には，

$$I = \sqrt{\frac{1}{R}\left(\frac{T_c - T_g}{R_{th}} - W_d\right)} \tag{12.9}$$

が得られる. このほかに，場合によってはシース損も考える必要がある. いまケーブル温度 T_c として最高許容温度をとれば，(12.9) 式が許容電流を与えることになる. ここに導体抵抗 R は最高許容温度における値とし，大地の基底温度 T_g はそれぞれの布設地区の標準値を用いることになる.

また，電力用ケーブルの発熱量放散に関与する熱抵抗 R_{th} には，例えば管路式においては，導体・シース間やシースの表面および管路・大地間の熱抵抗があり，直接埋設式では導体・シース間やシースの表面および外装・大地間の熱抵抗などがあって，材料の基礎的な熱抵抗を基にそれぞれ計算式が導かれている. 章末の問題 1 も参考にしてほしい.

12.3.3 地中送電線路の送電容量と臨界ケーブル長

電力用ケーブルでは熱的限界からくる許容電流以上には電流を流せないことから, 地中送配電線路 1 相当たりの送電容量 P は, 許容電流と相電圧の積で与えられる. 1 相当たりの受電端における有効電力を P_r, ケーブルの充電容量を Q_c とすれば, 負荷力率を 1 として

$$P^2 = P_r^2 + Q_c^2 = P_r^2 + \left(\omega C l E^2\right)^2 \tag{12.10}$$

となる. ただし C はケーブル単位長当たりの静電容量, l はケーブル長, E は対地電圧 (相電圧). (12.10) 式より P と E を一定とすれば, P_r と l との関係は,

$$\frac{l^2}{\left(\frac{P}{\omega C E^2}\right)^2} + \frac{P_r^2}{P^2} = 1 \tag{12.11}$$

のように楕円を表す方程式になる. この例を示すと図 12.5 の通りで, ある有効送電電力 P_r を想定した場合に, これを送ることができる限界のケーブル長 (**臨界ケーブル長**) が存在することになる. また, (12.11) 式とあわせて考えると, 電圧の低い地中送電線路ではその臨界ケーブル長が長いものの, 電圧が高くなるにつれてその値が著しく短くなることに留意すべきである.

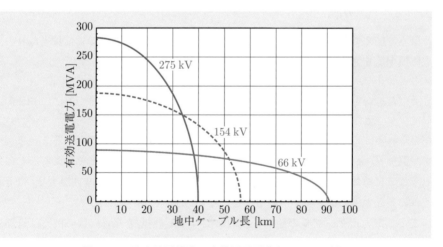

図 12.5 地中送電線路の有効送電電力とケーブル長
(導体断面積 $800\,\mathrm{mm}^2$, 2 回線布設)

12.3.4　送電容量の増大策

上述したように，交流地中送電においては，電圧を高めると充電電流と誘電体損失の増大により，熱的に電流容量あるいは送電距離が著しく制限を受けてしまう．これを軽減する方策として，次のような方法が提案され実用化されている．

(1)　強制冷却

電力用ケーブルの許容電流，最終的に送電容量を増大させるためには，積極的な冷却，すなわち**強制冷却**を行うことが効果的である．

この強制冷却には内部方式と外部方式とがある．内部方式としては，ケーブル導体内に純水を通す水冷式と，OF ケーブルのように絶縁油を循環させる油冷式があり，距離は短いものの発変電所などの主幹ケーブルに利用されている．外部方式には，直接式としてケーブル外側を直接水冷する方法，POF ケーブルにおいて絶縁油を循環冷却に用いる方法，トンネル内を風冷する方法などがあり，間接式としてケーブル近くに水冷管を配列する方法や水冷管より散水する方法などがある．

(2)　並列リアクトルの設置

架空電線路の場合とは反対に，ケーブルの静電容量を補償するために，**並列リアクトル**を送受電端変電所に設置することが有効である．大都市の 66 kV 以上のケーブル系統で一般に用いられている．

(3)　低静電容量・低誘電正接ケーブルの開発

電力用ケーブルの充電電流は電圧に比例し，誘電体損は (12.5) 式で示したように電圧の 2 乗に比例して増大する．275 kV 以上の超高圧ケーブルでは，場合によって誘電体損が導体の抵抗損より大きくなることがある．したがって，このような地中電線路では，誘電体損をできるだけ小さくする方策を考える必要がある．

誘電体損は，(12.5) 式に (12.3) 式を代入してわかるように，$\varepsilon_s \times \tan\delta$ に比例するので，誘電体損を抑制するには，ケーブル絶縁材料として低い誘電率と小さな誘電正接をもつものを選択する必要がある．

OF ケーブルでは，従来，使われていたクラフト絶縁紙は，誘電率と誘電正接ともに十分小さいとは言えなかったが，現在では，プラスチックフィルムとクラフト紙を接着して 1 枚のテープにした半合成紙が開発され，誘電体損を $\frac{1}{2}$ から $\frac{1}{4}$ に減少することに成功している．275 kV 以上のケーブルにおいて既に利用が進んでいる．

CV ケーブルは，架橋ポリエチレンを絶縁体としているので，誘電率と誘電正接のいずれも油浸半合成紙よりさらに小さい．一方，油浸紙のように多層構造でなく

厚い一様な絶縁体のため，微小な異物などからトリーと呼ばれる放電路が伸び出すと，短時間内に破壊するという欠点があった．このような微小な弱点を極力除くなどの技術開発により，CV ケーブルも高電圧化が進み 500 kV 以上の実施例を見るに至った．

12.3.5　そのほかの電力ケーブル

(1)　超電導ケーブル

これまでに説明したように，銅線を用いた従来の電力ケーブルでは通電時の導体発熱により送電容量が制約されるため大電流化が難しい．一方，臨界電流密度が高く低損失な超電導線を用いた**超電導ケーブル**では，大電流化，コンパクト化が可能であり，通電損失の大幅な低減も期待できる．

最近では酸化物超電導材料を導体として液体窒素（77 K）を冷媒とした**高温超電導ケーブル**を中心とした実用化研究が進められている．高温超電導ケーブルの例を図 12.6 に示す．高温超電導線は液体窒素含浸の半合成紙で電気絶縁されている．液体窒素は絶縁と冷却の役割を担っており，導体中心部に設けられた流路を通って外部のタンクから加圧供給されている．基本的には OF ケーブルの絶縁油が液体窒素に置き換わったような構成になっている．極低温を維持するために，コア絶縁の外側には二重の同心円筒状コルゲートパイプを設け，その間の空間を真空に保ち断熱層を作っている．

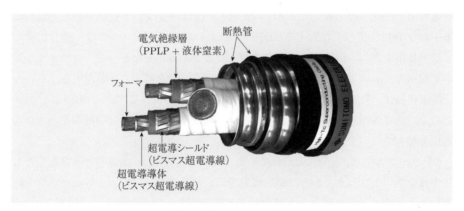

図 12.6　高温超電導ケーブルの構造
（3 心一括型，住友電気工業(株)提供）

(2)　直流電力ケーブル

直流電力ケーブルは，交流電力ケーブルで問題となる誘電体損による送電容量の制約や充電電流によるケーブル長の制限を受けるということがないという特徴がある．そのために交流ケーブルと同等の絶縁厚でより高い電圧で運転できることから，大容量・長距離送電に適している．導体は普通 2 条で済み，ケーブル長では 50 km 以上で直流送電が有利とされている．

ケーブルの形式としては交流と同じく，OF ケーブルや CV ケーブルなどがある．世界各地で 100〜500 kV の陸上ないし海底ケーブルの使用例がある．日本においては，北海道・本州直流連系線（1979 年運用開始）で 250 kV，紀伊水道直流連系線（2000 年運用開始）で 500 kV の海底 OF ケーブルが実用化されている．また，新北海道・本州連系線（北斗今別直流幹線，2019 年運用開始）では 250 kV の CV ケーブルが青函トンネル内に敷設されている．

💬　国際標準化と UHV 送電システム

日本にとって重要な貿易（特に輸出）に関してよく言われていることであるが，世界最高の技術レベルにある日本製の設備や製品は必ずしも世界に広まっていないという現実がある．その理由の一つとして国際標準となっていない点が挙げられる．

世界貿易をコントロールしているのが世界貿易機関（WTO, world trade organization）であり，WTO では加盟国に非関税障壁をなくすことを義務づけ，貿易においては国際標準（規格）に準拠することを要求している．電気に関する標準としては，国際電気会議（IEC, international electrotechnical commission）規格を国際標準として定めている．したがって，日本の優れた技術を世界で広く利用してもらうためには，積極的に日本の技術を IEC 規格へ反映させることが重要となる．

このさきがけとなった事例が，1.2 節や 2.3 節で紹介した日本起源となる UHV（100 万ボルト）送電の IEC 規格化である．日本では 1970 年代から研究開発に着手し，1990 年代には UHV 送電ルートを構築する実績を挙げた上で，2006 年から電気学会「UHV 国際標準化委員会」のもとオールジャパンの体制で臨み，規格のベースを検討する国際大電力システム会議（CIGRE）および IEC での議論を主導している．その結果，2009 年には UHV 送電システムに関連する標準電圧規格（IEC 60038）と試験電圧規格（IEC 60071-1）が承認されるに至った．その後も日本提案となる機器規格の国際標準化が進められている．

12 章の問題

□**1**　半径 r_0 の円形断面をもつ導体の上に厚さ d の絶縁体を設けたとき，この絶縁体の単位長さ当たりの熱抵抗 R_{th} を求めよ．ただし絶縁材料の固有熱抵抗を ρ とする．

□**2**　相電圧 E，許容電流 I，送電容量 $P\,(= EI)$ の地中ケーブル線路を考える．許容電流 I は，ケーブル単位長当たりで考えた抵抗損 $W_{\mathrm{J}} = RI^2$，誘電体損 $W_{\mathrm{D}} = \omega C E^2 \tan\delta$ と放熱容量 $W_{\mathrm{r}} = \dfrac{T_{\mathrm{c}} - T_{\mathrm{g}}}{R_{\mathrm{th}}}$ の平衡で定められる．ここで，R, ω, C, $\tan\delta$, T_{c}, T_{g}, R_{th} は，それぞれ，線路単位長当たりの電気抵抗，角周波数，ケーブル単位長当たりの静電容量，誘電正接，線路の最高許容温度，大地の平均温度，ケーブル単位長当たりに換算した大地への熱抵抗である．

(1)　許容電流 I を求めよ．

(2)　(1) の結果を利用して，送電容量 P を E のみの関数として表し，その概略を図示せよ．図示した結果に基づき，送電容量と相電圧との間に成立する特性を説明せよ．

付　　　録
交流回路理論

　本書では，電圧，電流をフェーザとして扱う交流回路理論の理解を前提として記述している．この付録では，交流回路理論を復習するために，フェーザ，インピーダンス，キルヒホッフの法則，複素電力（有効電力，無効電力）について説明する．

A.1　フェーザ

　角速度 ω で振動する交流電圧における瞬時電圧波形を複素数表示すると

$$
\begin{aligned}
v(t) &= V\sin(\omega t + \theta) \\
&= \mathrm{Im}\{Ve^{j\theta}e^{j\omega t}\} \\
&= \mathrm{Im}\{\dot{V}e^{j\omega t}\}
\end{aligned}
\tag{A.1}
$$

となる．この $\dot{V}$ $(\equiv Ve^{j\theta})$ をフェーザという．V は振幅の大きさ，θ は初期位相を表す．図 A.1 に示すように瞬時電圧波形（正弦波）は，フェーザ $\dot{V}$ が角速度 ω で反時計方向に回転する軌跡を，虚軸に投影し時間軸上に展開したものである．

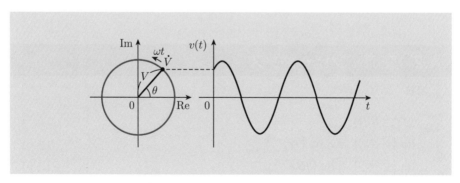

図 A.1　フェーザと時間波形の関係

フェーザの解析では次の 2 つの定理が用いられる.

定理 1 $\mathrm{Im}\left\{\dot{A}e^{j\omega t}\right\} = \mathrm{Im}\left\{\dot{B}e^{j\omega t}\right\} \quad \leftrightarrow \quad \dot{A} = \dot{B} \quad$ (for all t)

証明

($\leftarrow$)：明らか

($\rightarrow$)：$t = 0$ で成立する.

$$\mathrm{Im}\left\{\dot{A}\right\} = \mathrm{Im}\left\{\dot{B}\right\} \tag{A.2}$$

$t = \frac{\pi}{2\omega}$ でも成立する.

$$\mathrm{Im}\left\{j\dot{A}\right\} = \mathrm{Im}\left\{j\dot{B}\right\}$$
$$\therefore \quad \mathrm{Re}\left\{\dot{A}\right\} = \mathrm{Re}\left\{\dot{B}\right\} \tag{A.3}$$

よって，(A.2), (A.3) 式より

$$\dot{A} = \dot{B} \tag{A.4}$$

定理 2 $\dfrac{d}{dt}\left\{\mathrm{Im}\left(\dot{A}e^{j\omega t}\right)\right\} = \mathrm{Im}\left\{\dfrac{d}{dt}\left(\dot{A}e^{j\omega t}\right)\right\} = \mathrm{Im}\left\{j\omega\dot{A}e^{j\omega t}\right\}$

証明

$$\frac{d}{dt}\left\{\mathrm{Im}\left(\dot{A}e^{j\omega t}\right)\right\} = \frac{d}{dt}\left(\mathrm{Im}\left\{Ae^{j\alpha}e^{j\omega t}\right\}\right) = \frac{d}{dt}\left(\mathrm{Im}\left\{Ae^{j(\omega t+\alpha)}\right\}\right)$$
$$= \frac{d}{dt}\left\{A\sin(\omega t+\alpha)\right\} = \omega A\cos(\omega t+\alpha)$$
$$= \mathrm{Im}\left\{j\omega Ae^{j(\omega t+\alpha)}\right\}$$
$$= \mathrm{Im}\left\{j\omega\dot{A}e^{j\omega t}\right\} \tag{A.5}$$
$$= \mathrm{Im}\left\{\frac{d}{dt}\left(\dot{A}e^{j\omega t}\right)\right\} \tag{A.6}$$

A.2　交流インピーダンス

(1)　抵抗

$$v(t) = Ri(t) \tag{A.7}$$
$$\mathrm{Im}\left\{\dot{V}e^{j\omega t}\right\} = R\,\mathrm{Im}\left\{\dot{I}e^{j\omega t}\right\} \tag{A.8}$$
$$\mathrm{Im}\left\{\dot{V}e^{j\omega t}\right\} = \mathrm{Im}\left\{R\dot{I}e^{j\omega t}\right\} \tag{A.9}$$
$$\therefore \quad \dot{V} = R\dot{I} \quad (\because \text{定理 1}) \tag{A.10}$$

電流と電圧は同相になる.

(2)　インダクタンス

$$v(t) = L\frac{d}{dt}i(t) \tag{A.11}$$

$$
\begin{aligned}
\mathrm{Im}\left\{\dot{V}e^{j\omega t}\right\} &= L\frac{d}{dt}\left\{\mathrm{Im}\left(\dot{I}e^{j\omega t}\right)\right\} \\
&= L\,\mathrm{Im}\left\{\frac{d}{dt}\left(\dot{I}e^{j\omega t}\right)\right\} \quad (\because\ \text{定理 2}) \\
&= L\,\mathrm{Im}\left\{j\omega\dot{I}e^{j\omega t}\right\} \quad\quad (\because\ \text{定理 2}) \\
&= \mathrm{Im}\left\{j\omega L\dot{I}e^{j\omega t}\right\}
\end{aligned} \tag{A.12}
$$

$$\therefore\quad \dot{V} = j\omega L\dot{I} \quad (\because\ \text{定理 1}) \tag{A.13}$$

電流は電圧より $\frac{\pi}{2}$ 遅れる.

(3)　キャパシタンス

$$i(t) = C\frac{d}{dt}v(t) \tag{A.14}$$

以下，インダクタンスのときと同様に求めると

$$\dot{I} = j\omega C\dot{V} \tag{A.15}$$

$$\therefore\quad \dot{V} = \frac{1}{j\omega C}\dot{I} \tag{A.16}$$

電流は電圧より $\frac{\pi}{2}$ 進む.

(4)　インピーダンスとアドミタンスの定義

インピーダンスは図 A.2 の回路において以下のように定義される.

$$\dot{Z}(j\omega) \equiv \frac{\dot{V}}{\dot{I}_{\mathrm{s}}} \tag{A.17}$$

アドミタンスは図 A.3 の回路において以下のように定義される.

$$\dot{Y}(j\omega) \equiv \frac{\dot{I}}{\dot{V}_{\mathrm{s}}} \tag{A.18}$$

以上より

$$\dot{Z}(j\omega) = \frac{1}{\dot{Y}(j\omega)} \tag{A.19}$$

抵抗，インダクタンス，キャパシタンスのインピーダンスはそれぞれ $R,\ j\omega L,\ \frac{1}{j\omega C}$ となる.

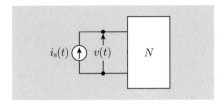

図 A.2　インピーダンスの定義

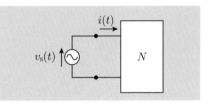

図 A.3　アドミタンスの定義

A.3　キルヒホッフの法則

フェーザに対してもキルヒホッフの法則は成り立つ．例えば図 A.4 の回路の場合，電流則は次のようになる．

$$i_1(t) + i_2(t) - i_3(t) = 0 \quad \text{(for all } t\text{)} \tag{A.20}$$

$$\text{Im}\left\{\dot{I}_1 e^{j\omega t}\right\} + \text{Im}\left\{\dot{I}_2 e^{j\omega t}\right\} - \text{Im}\left\{\dot{I}_3 e^{j\omega t}\right\} = 0 \tag{A.21}$$

$$\therefore \quad \dot{I}_1 + \dot{I}_2 - \dot{I}_3 = 0 \quad (\because \text{ 定理 } 1) \tag{A.22}$$

電圧則は次のようになる．

$$v_1(t) - v_2(t) - v_4(t) = 0 \quad \text{(for all } t\text{)} \tag{A.23}$$

$$\text{Im}\left\{\dot{V}_1 e^{j\omega t}\right\} - \text{Im}\left\{\dot{V}_2 e^{j\omega t}\right\} - \text{Im}\left\{\dot{V}_4 e^{j\omega t}\right\} = 0 \tag{A.24}$$

$$\therefore \quad \dot{V}_1 - \dot{V}_2 - \dot{V}_4 = 0 \quad (\because \text{ 定理 } 1) \tag{A.25}$$

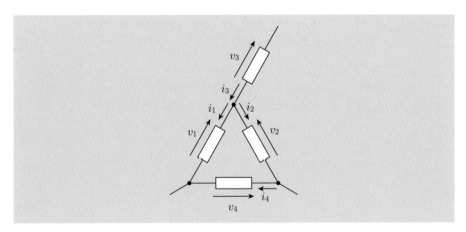

図 A.4　回路例

A.4 交流電力

(1) 抵抗のみの回路

電圧を $v(t) = V \sin \omega t$ とすると電流は $i(t) = \frac{V}{R} \sin \omega t$ となり，抵抗 R に供給される瞬時電力は

$$
\begin{aligned}
p(t) = v(t)i(t) &= V \sin \omega t \frac{V}{R} \sin \omega t = \frac{V^2}{R} \sin^2 \omega t \\
&= \frac{V^2}{2R} (1 - \cos 2\omega t)
\end{aligned}
\tag{A.26}
$$

となり，図 A.5 のようになる．この一周期 T の平均電力は

$$
P = \frac{1}{T} \int_0^T p(t)dt = \frac{1}{2} \frac{V^2}{R} = \frac{V_{\text{eff}}^2}{R}
\tag{A.27}
$$

となる．これを**有効電力**という．単位は [W] である．また V は電圧のピーク値で，V_{eff} $(= \frac{V}{\sqrt{2}})$ は実効値である．交流回路計算では，ほとんど実効値を用いる．

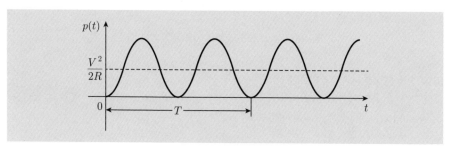

図 A.5 抵抗の瞬時電力波形

(2) インダクタンスのみの回路

電流を $i(t) = I \sin \omega t$ とすると電圧は $v(t) = \omega L I \sin \left(\omega t + \frac{\pi}{2} \right)$ となり，インダクタンスに供給される瞬時電力は

$$
\begin{aligned}
p(t) = v(t)i(t) &= \omega L I \sin \left(\omega t + \frac{\pi}{2} \right) \times I \sin \omega t \\
&= -\frac{1}{2} \omega L I^2 \left\{ \cos \left(2\omega t + \frac{\pi}{2} \right) \right\} \\
&= -\frac{1}{2} \omega L I^2 \cos \left(2\omega t + \frac{\pi}{2} \right) \\
&= \frac{1}{2} \omega L I^2 \sin 2\omega t
\end{aligned}
\tag{A.28}
$$

となり，図 A.6 のようになる．この平均電力は

$$P = \frac{1}{T} \int_0^T p(t)dt = 0 \tag{A.29}$$

となり，瞬時電力は，角速度 2ω で振動しており，一周期 T の平均値である有効電力 P は零となる．瞬時電力が正のときは，電源からインダクタンスに電力が送られており，負のときは，インダクタンスから電源に電力が戻っている．つまり，インダクタンスが電源との間で，一周期に 2 回，エネルギーを蓄積，放出していることになる．この振動の振幅の大きさ $Q = \frac{1}{2}\omega L I^2$ $(= \omega L I_{\text{eff}}^2)$ を無効電力と呼ぶ．単位は [V·A] または [Var] である．

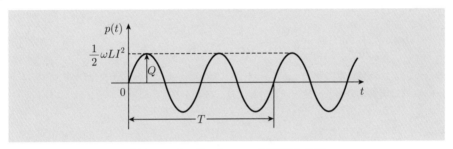

図 A.6　インダクタンスの瞬時電力波形

(3)　キャパシタンスのみの回路

インダクタンスの場合と同様にして，$v(t) = V \sin \omega t$ とすると，電流は $i(t) = \omega C V \sin \left(\omega t + \frac{\pi}{2} \right)$ となり，瞬時電力は

$$\begin{aligned} p(t) &= v(t)i(t) \\ &= V \sin \omega t \times \omega C V \sin \left(\omega t + \frac{\pi}{2} \right) \\ &= \frac{1}{2}\omega C V^2 \sin 2\omega t \end{aligned} \tag{A.30}$$

となり，この平均電力は

$$P = \frac{1}{T} \int_0^T p(t)dt = 0 \tag{A.31}$$

となる．無効電力 Q は $Q = \frac{1}{2}\omega C V^2$ $(= \omega C V_{\text{eff}}^2)$ となる．

(4)　一般の場合

図 A.3 のような一般の回路に流れ込む電流を $i(t) = I \sin \left(\omega t + \alpha \right)$，電圧を $v(t) = V \sin \left(\omega t + \beta \right)$ とすると回路に供給される瞬時電力は

$$p(t) = v(t)i(t) = V \sin(\omega t + \beta) I \sin(\omega t + \alpha)$$

$$= \frac{1}{2}VI\{\cos(\beta - \alpha) - \cos(2\omega t + \alpha + \beta)\}$$

$$= \frac{1}{2}VI[\cos(\beta - \alpha) - \cos\{(2\omega t + 2\alpha) + (\beta - \alpha)\}]$$

$$= \frac{1}{2}VI\{\cos(\beta - \alpha) - \cos(2\omega t + 2\alpha)\cos(\beta - \alpha)$$

$$+ \sin(2\omega t + 2\alpha)\sin(\beta - \alpha)\}$$

$$= \frac{1}{2}VI\cos(\beta - \alpha)\{1 - \cos(2\omega t + 2\alpha)\}$$

$$+ \frac{1}{2}VI\sin(\beta - \alpha)\sin(2\omega t + 2\alpha)$$

$$= V_{\text{eff}}I_{\text{eff}}\cos(\beta - \alpha)\{1 - \cos(2\omega t + 2\alpha)\}$$

$$+ V_{\text{eff}}I_{\text{eff}}\sin(\beta - \alpha)\sin(2\omega t + 2\alpha) \tag{A.32}$$

と表される. (A.32) 式の第 1 項は回路中の抵抗分での瞬時電力, 第 2 項はインダクタンス分やキャパシタンス分での瞬時電力を表しており, 図 A.7 に示すようになる. 有効電力 P は

$$P = \frac{1}{T}\int_0^T p(t)dt = V_{\text{eff}}I_{\text{eff}}\cos(\beta - \alpha) \tag{A.33}$$

となり, (A.32) 式の第 1 項の $\cos(\beta - \alpha)$ は力率である.

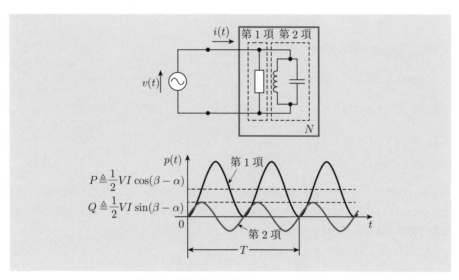

図 A.7 瞬時電力波形 ($\alpha = 0$ の場合)

第 2 項の振動の大きさ $V_{\text{eff}}I_{\text{eff}}\sin(\beta-\alpha)$ が無効電力 Q となる．ここでは $\beta \geqq \alpha$ の場合に，つまり電流が電圧より位相が遅れている場合に無効電力 Q （**遅れ無効電力**と呼ばれる）が正になるように定義している．また，$V_{\text{eff}}I_{\text{eff}}$ を**皮相電力**と呼ぶ．単位は [V·A] である．皮相電力と無効電力・有効電力の関係を図 A.8 に示す．

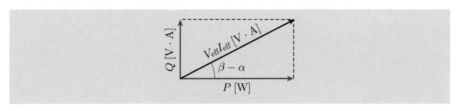

図 A.8　有効電力と無効電力

(5)　複素電力

複素電力は (A.32) 式より以下のように表せる．ただし，遅れ無効電力を正とする．

$$
\begin{aligned}
\dot{S} &= P + jQ \\
&= V_{\text{eff}}I_{\text{eff}}\cos(\beta-\alpha) + jV_{\text{eff}}I_{\text{eff}}\sin(\beta-\alpha) \\
&= V_{\text{eff}}I_{\text{eff}}\,e^{j(\beta-\alpha)} \\
&= V_{\text{eff}}\,e^{j\beta}I_{\text{eff}}\,e^{-j\alpha} \\
&= \dot{V}_{\text{eff}}\,\overline{\dot{I}_{\text{eff}}}
\end{aligned} \tag{A.34}
$$

しかし，電気回路理論の分野では

$$
\dot{S} = \overline{\dot{V}}_{\text{eff}}\dot{I}_{\text{eff}} \tag{A.35}
$$

と電流フェーザではなく電圧フェーザを複素共役とすることがある．これは，

$$
\begin{aligned}
\dot{S} = \overline{\dot{V}_{\text{eff}}}\dot{I}_{\text{eff}} &= \overline{\dot{V}_{\text{eff}}\overline{\dot{I}_{\text{eff}}}} \\
&= P + j(-Q) = P + jQ'
\end{aligned} \tag{A.36}
$$

となり，無効電力 Q' の符号が (A.34) 式の Q と正負が逆になっていることがわかる．つまり，この場合は進み無効電力 Q'（$\beta \leqq \alpha$）を正としているのである．電力分野では，無効電力負荷はほとんどの場合で遅れとなるので，(A.34) 式を用いる．

索　引

著者略歴

日　髙　邦　彦

1981 年　東京大学大学院工学系研究科博士課程修了，工学博士
現　　在　東京大学名誉教授
　　　　　東京電機大学大学院工学研究科特別専任教授
　　　　　電気学会フェロー，IEEE フェロー，放電学会，
　　　　　静電気学会等会員

主要著書

高電圧工学（数理工学社，2009）
電気工学ハンドブック（第 7 版）（共編著，電気学会，2013）

横　山　明　彦

1984 年　東京大学大学院工学系研究科博士課程修了，工学博士
現　　在　前東京大学教授，電気学会フェロー，GIGRE 会員

主要著書

新スマートグリッド（日本電気協会新聞部，2015）
電気回路ハンドブック（共編著，朝倉書店，2016）

新・電気システム工学＝TKE-11

基礎 電力システム工学
― 電力輸送技術の本質を知る ―

2022 年 4 月 25 日 ©　　　　　　　　　　　初 版 発 行

著者　日 髙 邦 彦　　　　　発行者　矢 沢 和 俊
　　　横 山 明 彦　　　　　印刷者　小宮山恒敏

【発行】　　　　　　　　株式会社　数理工学社
〒151–0051　東京都渋谷区千駄ヶ谷 1 丁目 3 番 25 号
編 集 ☎ （03）5474–8661（代）　　サイエンスビル

【発売】　　　　　　　　株式会社　サイエンス社
〒151–0051　東京都渋谷区千駄ヶ谷 1 丁目 3 番 25 号
営 業 ☎ （03）5474–8500（代）　振替 00170–7–2387
FAX ☎ （03）5474–8900

印刷・製本　小宮山印刷工業（株）

≪検印省略≫

サイエンス社・数理工学社の
ホームページのご案内
https://www.saiensu.co.jp
ご意見・ご要望は
suuri@saiensu.co.jp まで．

ISBN978–4–86481–084–5
PRINTED IN JAPAN

━/━/━/━■ 新・電気システム工学 ━/━/━/━/━

電気工学通論
仁田旦三著　2色刷・A5・上製・本体1700円

電気磁気学
いかに使いこなすか
　　　　小野　靖著　2色刷・A5・上製・本体2300円

電気回路理論
直流回路と交流回路
　　　　大崎博之著　2色刷・A5・上製・本体1850円

基礎エネルギー工学[新訂版]
　　　　桂井　誠著　2色刷・A5・上製・本体2300円

電気電子計測[第2版]
　　　　廣瀬　明著　2色刷・A5・上製・本体2250円

システム数理工学
意思決定のためのシステム分析
　　　　山地憲治著　2色刷・A5・上製・本体2300円

＊表示価格は全て税抜きです.
━/━/━■ 発行・数理工学社／発売・サイエンス社 ━/━/━

━/━/━/━/━ 電気・電子工学ライブラリ ━/━/━/━/━

環境とエネルギー
枯渇性エネルギーから再生可能エネルギーへ
西方正司著　2色刷・A5・並製・本体1500円

電力発生工学
加藤・中野・西江・桑江共著
2色刷・A5・並製・本体2400円

電力システム工学の基礎
加藤・田岡共著　2色刷・A5・並製・本体1550円

基礎制御工学
松瀬貢規著　2色刷・A5・並製・本体2600円

電気機器学
三木・下村共著　2色刷・A5・並製・本体2200円

＊表示価格は全て税抜きです．
━/━/━/━ 発行・数理工学社／発売・サイエンス社 ━/━/━/━